铜基/银基丝线材
制备加工技术

Preparation and Processing Technology of
Copper/Silver Based Wire

宋克兴　周延军　曹军　著

北　京

冶 金 工 业 出 版 社

2020

内 容 提 要

本书聚焦以电子信息领域为代表的高性能键合线、高保真音视频线缆、高可靠连接器等产品用高性能铜基/银基丝线材，首先，介绍了丝线材的主要应用领域和制备加工技术发展趋势；其次，围绕铜基/银基微细丝线材的制备工艺流程，分别重点介绍了热型水平连铸技术、三室真空冷型竖引连铸技术、超细超精连续拉拔技术、组合形变热处理技术、绿色表面纳米浸镀技术的工艺特点及团队研究成果；最后，介绍了微细丝线材性能测试技术和后续封装键合工艺。本书以期为 5G 通信、高端音视频线、高可靠连接器等领域用高性能铜基/银基丝线材制备加工技术的开发、生产和实际工程应用提供理论指导和技术支撑。

本书可作为高等院校教师、科研院所研究人员和企业技术人员的参考用书，也可作为材料、电子信息类专业的研究生和高年级本科生的教学用书。

图书在版编目（CIP）数据

铜基/银基丝线材制备加工技术/宋克兴，周延军，曹军著. —北京：冶金工业出版社，2020. 11
ISBN 978-7-5024-8320-3

Ⅰ. ①铜…　Ⅱ. ①宋…　②周…　③曹…　Ⅲ. ①铜基复合材料—线材轧制—生产工艺　②银—复合材料—线材轧制—生产工艺　Ⅳ. ①TG356. 4

中国版本图书馆 CIP 数据核字（2020）第 242740 号

出 版 人　苏长永
地　　址　北京市东城区嵩祝院北巷 39 号　邮编　100009　电话　(010)64027926
网　　址　www.cnmip.com.cn　电子信箱　yjcbs@cnmip.com.cn
责任编辑　刘小峰　美术编辑　郑小利　版式设计　禹　蕊
责任校对　李　娜　责任印制　李玉山
ISBN 978-7-5024-8320-3
冶金工业出版社出版发行；各地新华书店经销；三河市双峰印刷装订有限公司印刷
2020 年 11 月第 1 版，2020 年 11 月第 1 次印刷
169mm×239mm；13.75 印张；268 千字；210 页
99.00 元

冶金工业出版社　投稿电话　(010)64027932　投稿信箱　tougao@cnmip.com.cn
冶金工业出版社营销中心　电话　(010)64044283　传真　(010)64027893
冶金工业出版社天猫旗舰店　yjgycbs. tmall. com
（本书如有印装质量问题，本社营销中心负责退换）

序

信号传输几乎覆盖了航空航天、国防军工、电子信息、互联网、物联网、智能制造等现代国民经济各个领域。高性能铜基/银基丝线材因为具有优异的传导性能和良好的力学性能，常作为信号传输的关键导体材料，广泛应用于集成电路键合线、音视频传输线缆、医疗器械有源线束以及各种电子元器件。随着现代通信技术的发展，信号传输密度和安全可靠性要求越来越高，对铜基/银基丝线材的综合性能提出更高要求。

本书作者所在团队长期从事高性能铜及贵金属微细丝线材基础理论研究和制备加工技术开发工作，在微细丝线材领域取得了系列创新性成果。本书结合团队多年研究成果，针对高性能铜基/银基丝线材制备加工过程中涉及的定向凝固组织和缺陷控制、超细超精连续稳定拉拔控制、超细丝表面镀覆稀贵金属膜等诸多关键环节，深入介绍了杆坯连铸、连续拉拔、热处理、表面处理、性能测试、封装键合等方面的最新研究结果和发展趋势。

本书研究工作面向国家重大战略需求，聚焦微细丝线材存在的"卡脖子"问题，涉及材料、信息、物理、化学等多学科交叉，具有较高的学术价值，可为5G通信、高端音视频传输、航空航天、国防军工等领域用高性能丝线材制备加工技术的开发、生产和实际工程应用提供理论指导和技术支撑，对于与之相关联的上下游企业技术人员、高校和科研院所研究人员具有借鉴意义。

何季麟

2020 年 11 月

前　言

<<<<<<<<<<<<<<<<<<<<<<<<<<<<<<<<<<<<<<<<<<<<<<<<<<<<<<<

高性能铜基/银基丝线材作为数字和模拟信号传输的关键导体材料,广泛应用于集成电路键合线、音视频传输线缆、医疗器械有源线束以及各种电子元器件。随着上述领域用关键部件向高度集成化和微型化方向发展,信号传输密度和安全可靠性要求越来越高,对铜基/银基丝线材综合性能提出更高要求:使用性能要求高导电、高伸长率;工艺性能要求超细、超长、超精密。

作者所在团队长期从事高性能铜合金材料设计、关键制备加工技术开发及工程化应用等方面研究工作。本书结合团队在铜基/银基丝线材领域的多年研究工作,以铜基/银基丝线材的制备工艺流程:杆坯连铸、连续拉拔、热处理、表面处理、性能测试、封装键合为主线,涵盖了国内铜基/银基丝线材最新研究结果和发展趋势。本书聚焦以电子信息领域为代表的高性能键合线、高保真音视频线缆、高可靠连接器等产品用高性能铜基/银基丝线材,首先,介绍了丝线材的主要应用领域和制备加工技术发展趋势;其次,围绕铜基/银基微细丝线材的制备工艺流程,分别重点介绍了热型水平连铸技术、三室真空冷型竖引连铸技术、超细超精连续拉拔技术、组合形变热处理技术、绿色表面纳米浸镀技术的工艺特点及团队研究成果,探讨了铜基微细丝线材制备加工过程中的凝固组织定向生长规律和变形组织调控机制,以及制备工艺对丝线材组织性能的影响规律;最后,介绍了微细丝线材性能测试技术和后续封装键合工艺。本书研究工作涉及多学科交叉,以期为5G通信、高端音视频线、高可靠连接器等领域用高性能铜基/银基丝线材制备加工技术的开发、生产和实际工程应用提供理论指导和技术支撑。

本书由宋克兴、周延军、曹军、丁雨田等撰写。其中,第1章由宋克兴撰写;第2章由丁雨田、封存利、周延军、胡勇撰写;第3章由曹军、王要利、吕长春撰写；第4章由张学宾、陈鼎彪撰写；第5章由周延军、肖柱撰写；第6章由曹军、丁雨田撰写；第7章由国秀花、冯江、吴保安撰写；第8章由曹军、刘海涛撰写。全书由周延军统稿，宋克兴审稿，曹军和周延军校稿。

衷心感谢中国工程院何季麟院士在百忙之中为本书作序。

感谢兰州理工大学、河南理工大学、重庆材料研究院有限公司、河南优克电子材料有限公司、浙江东尼电子股份有限公司、常州恒丰特导股份有限公司、河南森格材料科技有限公司、中南大学、有研科技集团有限公司（北京有色金属研究总院）、江苏迅达电磁线有限公司等单位在成书过程中给予的鼎力支持和指导。感谢对本书整理提供支持的团队其他成员张彦敏、王要利、张朝民、杨冉、彭晓文、程楚、皇涛、卢伟伟、李韶林、胡浩等老师。感谢为本书做出贡献的博士研究生冯江、杨婧钊、华云筱、吴捍疆、杜宜博，以及硕士研究生孔令宝、袁鹏飞、韩文奎、康军伟等。

在本书编写过程中，参考了国内外许多学者的研究成果，均已在文献中尽力列出，在此表示感谢！

本书研究成果得到国家重点研发计划（2016YFB0301400）、国家自然科学基金（52071133、51904090）、科技部科技型中小企业科技创新基金（13C26214103734、04C26214101276）、河南省创新型科技团队（C20150014）等项目的资助。

本书出版得到有色金属新材料与先进加工技术省部共建协同创新中心、河南省有色金属材料科学与加工技术重点实验室的大力支持，在此一并表示感谢！

由于铜基/银基丝线材研究为多学科交叉，涉及的知识面较宽，且作者水平有限，对许多资料取舍和理解必然存在不妥和不足之处，敬请广大读者批评指正。

著　者

2020 年 11 月

于河南科技大学

目　录

1 丝线材应用及制备加工概述

<<<<<<<<<<<<<<<<<<<<<<<<<<<<<<<<<<<<<<<<<<<<<<<<<<<<<

1.1 丝线材概述

数字和模拟信号传输几乎覆盖了航空航天、国防军工、电子信息、互联网、物联网、智能制造等现代国民经济各领域。高性能铜基/银基丝线材因具有优异的传导性能（导电/导热）和良好的力学性能（强度、韧性），常常作为数字和模拟信号传输的重要导体材料，广泛应用于集成电路键合线、音视频传输线缆、医疗器械有源线束及各种电子元器件[1~6]。

1.2 主要应用领域

铜基/银基丝线材种类繁多、特点各异，表 1-1 为不同类型铜基/银基丝线材的特点及应用领域。

表 1-1　铜基/银基丝线材特点及应用

Table 1-1　Characteristics and applications of copper / silver based wire materials

系列	类别	特点	应用领域
铜基丝线材	镀钯单晶铜丝	抗氧化性能好，稳定性好，寿命较单晶铜键合线长	LED 封装、IC 封装等
	镀银单晶铜丝	柔软度较单晶铜键合线好，导电性能优异，表面明亮有光泽，耐高温、耐腐蚀	高频传输用线材、微型电缆等
	铜银合金丝	导电性能稳定，较高强度	笔记本电脑、手机极细同轴电缆、医疗线缆、扬声器引出线等
	镀金单晶铜丝	优异的抗氧化性能	目前应用较少
银基丝线材	银基键合线	反光性好，不吸光，在与镀银支架焊接时，可焊性较好	LED 封装、IC 封装等
	金银合金丝	以部分银替代金，降低成本	LED 封装、IC 封装等
	银钯合金丝	以银为基，添加钯元素，提高抗氧化性和耐高温性能	LED 封装
	银铜合金丝	良好的导电性、流动性和浸润性，较好的力学性能、耐磨性和抗熔焊性	空气断路器、电压控制器、继电器、接触器、起动器等器件接点
	银金合金丝	良好的导电导热性、耐蚀性，较低的接触电阻，稳定性好，良好的加工性能	强腐蚀介质中工作的轻负荷接点，通信设备中的替续器和调节器

1.2.1 集成电路

集成电路（Integrated Circuit）产业链包括芯片设计、晶圆生产、芯片封装和芯片测试等环节（见图 1-1）。其中，键合是集成电路生产中的重要环节，它是将电路芯片与引线框架连接起来的操作，键合效果直接影响集成电路的性能。键合线是半导体器件和集成电路组装中用来实现芯片上电路输入/输出结合点与引线框架内部触点之间电连接的一种微细丝内引线，是一种具有优良电、热、力学性能和化学稳定性的微米级丝线材，如图 1-2 所示。键合线作为芯片与集成电路之间"信息沟通"的连接线，主要用于二极管、三极管、集成电路、大规模集成电路、IC 等各种电子元器件封装。

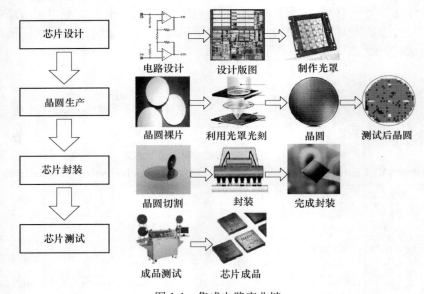

图 1-1　集成电路产业链

Fig. 1-1　Integrated circuit industry chain

理想的键合线用丝线材应该具有以下特性[7,8]：

（1）良好的表面状态。丝线材表面光滑、无污染物，无拉拔痕迹，无明显划痕、凹坑、裂缝、凸起等缺陷。

（2）良好的化学稳定性。键合过程中不会与基体形成有害化合物，且使用时不易被氧化。

（3）良好的可塑性。与基体材料结合良好，不易断裂，容易实现键合。

（4）良好的弹性。键合过程中能保持一定的几何形状。

（5）键合过后无论在哪个方向通电流，接触电阻都很低。

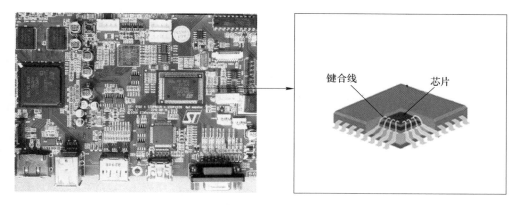

图 1-2 键合线在集成电路中的应用

Fig. 1-2 Application of bonding wire in integrated circuit

目前，市场上使用的键合线按照基体主成分可分为金基键合线、银基键合线、铜基键合线，同时，每种类型键合线又可分为金属单晶键合线、合金键合线和镀层金属键合线。

1.2.1.1 金基键合线

金基键合线机械强度高、抗氧化性好、成球性稳定、键合工艺简单，在传统电子封装引线键合领域被广泛使用（见图 1-3）。然而，金基键合线存在以下局限性[8,9]：（1）金丝封装键合时容易在界面处形成柯肯达尔空洞，增大键合位置接触电阻，导电性能急剧下降，从而严重影响电子器件使用寿命；（2）电子设备朝小型化、多功能化发展，传统金基键合线由于电热性能趋于极限已不能满足高密度、高集成半导体封装要求；（3）黄金价格高，封装成本高。

图 1-3 金基键合线

Fig. 1-3 Gold based bonding wire

因此，开发金基键合线的替代材料成为一种发展趋势。铜基及银基键合线与金丝相比，首先成本方面显著降低，其次导电导热性能好，所以可在一定程度上取代金丝作为键合的新材料。目前，国内外相关企业、科研院所和高校相继开发了各种性能优良的银合金键合线、铜合金键合线、镀层金属键合线等铜基/银基键合线，并开展了制备加工关键技术和组织性能调控研究。

1.2.1.2 银基键合线

银基键合线是近年来 LED、IC 行业内出现的替代传统金基键合线的产品，如图 1-4 所示。由表 1-2 可见，银基键合线的室温力学性能与金基键合线相当，在使用温度不太高的 LED 封装、IC 封装等领域，可部分或全部取代金基键合线，降低生产成本。

图 1-4 银基键合线

Fig. 1-4 Silver based bonding wire

表 1-2 银基键合线的室温力学性能参数

Table 1-2 Mechanical properties at room temperature of silver based bonding wires

线材直径/μm	拉断力/g	延伸率/%
18	>6	5~10
20	>7	5~10
23	>8	6~15
25	>9	6~15
30	>13	10~18
38	>20	10~20

银基键合线的主要特点[10]：

（1）较好的导电和导热性能；

（2）较好的抗腐蚀和抗氧化性能（与铜比较）；

（3）仅需氮气保护，比较安全（与铜比较）；

（4）硬度较低（与铜比较）；

（5）成本较低，仅为金的 1/6~1/5。

银基键合线又分为单晶银键合线、银合金键合线。

单晶银线通常指 4N（99.99%）~6N（99.9999%）的高纯度单晶银线，其主要用途是作为音频传输线或制作银基键合线。但纯银易发生电子迁移，金属间化合物（IMC）生长难以控制，而且纯银丝较易被氧化或硫化腐蚀，导致纯银丝键合的可靠性低，使纯银丝在一些高端领域仍无法替代金丝。

银合金键合线一般采取多元掺杂合金，加入微量元素，减少金属化合物的形成，同时阻止了界面氧化物和裂纹产生，使结合性能和金丝一样稳定。进一步通过控制微量元素组分、熔铸、精细加工、热处理等工艺调控，可进一步优化银基键合线的组织结构，使其得到合适的力学性能，以满足不同领域产品的需要[11]。

例如，抗腐蚀高可靠性银合金键合线的开发[12]。目前用于提高金属抗腐蚀性能的方法通常主要有两类：表面处理和合金化。表面处理法是指在金属表面镀上一层稳定的金属保护膜，或者利用相应化学反应将金属表面钝化，降低其表面的化学活性；合金化是指在单质金属中加入某些掺杂元素，使其晶界电压降低、钝化而提高其抗腐蚀性。

银基键合线的表面处理常见的为在其表面进行镀金，镀层可以隔绝银丝与外界环境的接触，从而增强其抗腐蚀性。但由于镀金层与银基底为两种不同金属，二者的熔点和再结晶温度有很大不同，在烧球过程中容易出现偏心、焊点不粘等问题，影响银丝的烧球、成球性质。

银基键合线的合金化，一般可通过掺杂微量合金元素来改变纯银的特性，降低晶界电压，使银发生钝化，实现了对银基体的电化学保护，消除引起银电化学腐蚀的原电池反应，提高银基键合线的抗腐蚀性。可掺杂的贵金属最低含量要求为 Pd 40%、Au 70%、Pt 60%。抗腐蚀高可靠性银合金键合线与纯金属键合线及镀层键合线相比，具有更好的物理和化学性能，可靠性高。

1.2.1.3 铜基键合线

在日益激烈竞争的电子工业中，高成本效益已不能满足集成电路封装业的发展。为了降低成本，国内外众多产业领域在寻找一种更便宜的导体替代昂贵的金丝材料。

铜基键合线（见图 1-5）作为金丝的可行性替代材料已经开始应用，但由于其硬度较大，键合时容易导致芯片损伤，且在非气密性封装中易发生腐蚀，直接影响了键合后器件的可靠性，目前仍存在技术瓶颈亟待突破。

图 1-5　铜基键合线

Fig. 1-5　Copper based bonding wire

铜基键合线主要包括单晶铜加工线、铜合金键合线、镀钯铜键合线等。

A　单晶铜加工线

单晶铜加工线具有优异的电学和信号传输性能、良好的塑性加工性能、优良的抗腐蚀性能和抗疲劳性能，其作为键合线的优势主要表现在以下几个方面：

（1）相对目前的普通铜材（多晶粒），具有致密的定向凝固组织，消除了横向晶界，且结晶方向拉丝方向相同，能承受更大的塑性变形能力，是拉制键合线的理想材料。

（2）单晶铜加工线的电导率、热导率比金丝高，在和金丝线径相同的条件下可以承载更大的电流，金基键合线直径小于 0.018mm 时，其阻抗或电阻特性很难满足封装要求。

（3）与同纯度的金丝相比具有良好的拉伸、剪切强度和延展性，0.03 ～ 0.015mm 的单晶铜加工线代替金丝，可使引线键合的间距更小、更稳定。

（4）单晶铜加工线可以在氮气气氛下键合封装，生产更安全、更可靠。

（5）单晶铜加工线成本较金丝低，可大幅降低键合封装材料成本。

因此，单晶铜加工线在很大程度上提高了芯片频率和可靠性，适应了低成本、细间距、高引出端元器件封装的发展趋势。目前，单晶铜加工线替代金基键合线已逐步应用到大规模集成电路、二极管、三极管等半导体分立器件及 LED 灯发光芯片封装业等微电子封装领域。同时，还广泛应用与高保真音视频信号、高频数字信号传输线缆等领域。

B　铜合金键合线

通过在铜基体中添加不同合金化元素，可不同程度地改善铜基键合线的传导性能、力学性能、抗氧化性能等。例如，Ag 可以保证铜基键合线的导电性能，

Au、Pd 等其他贵金属能增加其抗氧化性能；Sc、Zr、Ti、Cr、W 元素均能固溶于铜基体中，细化铜晶粒并抑制其再结晶，提高强韧性；B、Ca、La、Li 和其他稀土元素可提高铜的塑性和韧性，并净化铜基键合线中的杂质，保证其键合的稳定性和可靠性。

但同时研究发现，合金化手段能很好地改善铜基键合线的焊球硬度及其他性能，但在后续拉拔过程中，晶界处易出现断裂，影响生产效率。

C 镀钯铜键合线

随着集成电路及半导体器件封装技术向多引线化、高集成度和小型化发展，封装材料要求采用线径更细、电学性能更好的键合线进行窄间距、长距离的键合。传统的金基键合线和银基键合线已经在导电和导热性能上逐步趋近于极限。

铜基键合线具有比金丝高的导电和导热性能，可以用于制造对电流负载要求更高的功率器件，而且可以使高密度封装时的散热更为容易。同时，铜基键合线较强的抗拉强度可以使丝线直径变得更细，焊盘尺寸和焊盘间距也能相应减小。但铜基键合线易氧化是制约其进一步推广应用的瓶颈。

为了防止铜基键合线在键合时氧化，使铜焊球更加对称，可通入 95%N_2+5%H_2混合气体保护 Cu 和还原 CuO，但是在高温键合时通入 H_2 不仅提高了封装成本，还具有一定的危险性。

为了提高铜基键合线的抗氧化性和保证键合工艺的安全性，可在铜丝表面镀抗氧化性材料。因镀钯铜丝（PCC）成球性能优异，抗氧化性强，能够避免在键合时发生高温氧化，目前镀钯铜基键合线被广泛研究，如图 1-6 所示。

图 1-6 镀钯铜基键合线

Fig. 1-6 Palladium plated copper based bonding wire

镀钯铜基键合线机械强度高、硬度适中、焊接成球性好，适用于高密度、多引脚集成电路封装。镀钯铜基键合线中 Pd 含量一般为 1%～10%，产品镀层厚度

一般在 $2 \sim 7 \mu m$，但同时在镀钯铜基键合线制备加工过程中需要注意以下问题[10]：

（1）钯层致密度。键合过程是一个高速自动化生产过程，要求轴丝表面光滑，性能稳定，由于 Pd 层和铜的物理性能差异很大，在拉拔过程中可能会有漏铜现象产生。

（2）最终产品尺寸。为了得到完美的表面形貌，拉拔到最终产品尺寸后再表面涂镀是最有效的办法，但在生产中却难以保证严格的产品尺寸。

（3）钯层对键合性能的影响。涂覆钯层后防止了铜的氧化，但在键合过程中，若 Pd 元素参与到 Cu-Al 金属间化合物的形成过程中，会改变金属间化合物冶金和力学性质，进而影响第一键合处的剪切应力强度。

1.2.2 音视频传输[13,14]

在音视频传输系统中，金属丝线材作为传输电流和信号的导体材料，主要分为三类：信号线、音箱线和电源线。在系统中高保真地传输信号是丝线材的重要性能要求，金属丝线材的材质、纯度、线径是影响信号在传输过程中传输效率、瞬态响应、抗失真性、抗干扰性等音质特征的关键因素。

（1）材质的影响：铜基丝线材具有电阻小、稳定性高的特点，当信号在铜基材料尤其是无氧铜中传输时，高、中、低传输效率较为接近，瞬态响应较好，因此采用铜基丝线材为导体的线材，音色柔和、听感圆润、质感强烈；银基丝线材相对于铜而言，其电阻更小，稳定性、导电性及传输效率更高，更利于高频信号的传输，拥有更好的瞬态响应，传输的声音具有更好的透明度和速度感，高频明亮清晰，中频通透饱满，但低频信号稍逊于铜基丝线材，同时声染色和失真度都较小。为了获得更高的音质，目前常将多种材料的优势相结合，以制备成合金材料丝线材，如常见的铜合金和银合金丝线材，其高、低频声音传输一致性更高，常表现为高音亮丽、低音浑厚。

（2）纯度的影响：金属丝线材的纯度在一定程度上决定了声音不同频率的传输效率以及抗失真性。丝线材所用金属的纯度应在 99.99% 以上，金属丝线材的纯度越高，导电性能越好，越有利于信号的传输，音质也越纯净，同时微弱信号的损失也越小，而这些微弱信号包含的高次谐波恰恰是各种乐器和人声泛音的重要成分。而当丝线材中存在杂质时，将对音质产生影响。例如，铜基材料冶炼、提纯过程中，不可避免地会出现氧化现象，产生氧化铜和氧化亚铜，继而形成电阻，易出现散粒、白噪声，致使声音失真。

（3）线径的影响：金属丝线材的线径越大，截面积和表面积越大，其电阻也就越小，而表面积的不同也会导致集肤效应的变化，从而对信号的传输速率产生影响。当丝线材的线径较细时，其电阻较大，将导致损耗在导线电阻上的输出功率更多，各频率传输效率都较慢，同时集肤效应降低，对应高频电流的电阻值增大，其声音较为柔和，但低音损失相对严重，音色比较暗淡；当丝线材的线径较大时，其电阻较小，频率传输效率也较快，集肤效应也增强，有利于高频信号传输，此时声音透明度增加，中高频偏亮，音色较为明亮。

同时，各种音频视频信号在传输过程中通过晶界时，都会产生反射、折射等现象使信号变形、失真衰减。在音频传输领域，银基丝线材传输高频时有着明显的优势，由于对中高音频信号衰减较小，传输速度快，对细节和空间感都有很好的表现，声音高音清丽，偏冷艳，中低频的质感和弹跳力不错。但另一方面，银基丝线材在低音频传输受中高音频信号影响较大，声音的韵味和感染力不足，且易造成声音发硬、尖锐，时间稍长往往会有速度过快、过于刺激的疲劳感。因此，在顶级发烧级音频传输线领域，几乎没有单晶银线，大多都是采取银铜合金。例如无氧铜镀银音视频传输线（镀银铜丝或镀银丝），是在无氧铜线或低氧铜线上镀银后，经过拉丝机拉细而成的细线。镀银铜线分为镀银软圆铜线和镀银硬圆铜线。无氧铜镀银仅属于中高端音视频传输线中的一个极为细分的领域，高端领域则采取单晶铜加工线产品。

单晶铜加工线用于音响线材的制作，是音响线材制造业的一项突破。单晶铜加工线具有高度定向性的纵向晶粒，晶界数量少，对信号产生反射和折射而造成信号失真和衰减的影响程度小，因此具有独特的高保真传输功能，首先用于音视频传输线，多集中于音响喇叭线、电源线、音频连接线、平衡线、数码同轴线、麦克风线、DVD色差视频线，HDMI线缆及各种接插件等产品。

1.2.3　连接器

连接器（也称作接插件）是连接两个有源器件传输电流或信号的部件，其作用是在电路内被阻断处或孤立不通的电路之间，架起沟通的桥梁，从而使电流流通，可提供分离的界面用以连接两个次电子系统。

连接器产业链如图1-7所示。生产成本主要包括原材料成本和加工成本，原材料中金属材料成本较大，其中，铜基丝线材主要应用于高速连接器线缆组件（见图1-8）。为保证信号传输密度和安全可靠性，高端音视频传输等领域要求铜基丝线材需具备低阻抗、高保真性和稳定性。

目前，连接器接触件一般由黄铜、磷青铜材料制成，但高可靠性、高稳定性的连接器必须用铍铜合金材料制成。铍铜合金材料相对于黄铜、磷青铜合金具有无可替代的优良综合性能，目前，航天航空领域的连接器接触件材料多使用铍铜合金。

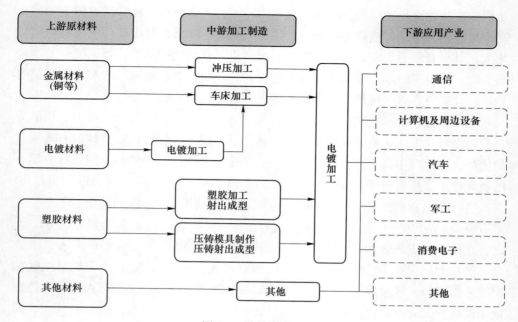

图 1-7 连接器产业链

Fig. 1-7 Connector industry chain

图 1-8 铜基丝线材在连接器中的应用

Fig. 1-8 Application of copper based wire in connector

1.2.4 医疗器械

医疗线束是医疗电子设备的线路，分为医疗电源线束和医疗设备线束等。常用的医疗电源线束包括医用高电压线束、医用 X 光探测仪外部线束、医用牙医影像系统外部线束等；常用的医疗设备线束多应用于 CT 扫描、核磁共振医疗监护仪、电动轮椅等医疗设备。与音视频传输所使用的丝线材不同，医疗线束用丝线材服役环境严苛，需要考虑的因素复杂，丝线材的技术要求更高。

首先，医疗线束用丝线材必须具有极高的柔性，并能承受反复弯曲。其次，医疗线束用丝线材还必须满足严格的法规性安全准则，而且这些准则随使用该线束的设备类型、线束是否与患者接触以及线束与患者的接触方式的不同而不同。除了上述持续弯曲要求及安全性要求之外，此类线束还必须能够承受持续的消毒灭菌条件，包括高压、伽马射线以及与化学品和溶剂的接触等。

医疗线束用丝线材的另一难题在于必须能够适应医疗设备不断小型化的趋势。例如，MRI 设备已缩小至能够放置于同一房间内，超声波仪器已缩小至能通过移动推车搬运，消费性医疗设备已缩小成手持式设备。医疗线束的小型化可减小丝线材重量，从而使得能够更加容易在患者周围进行操作和移动。此外，线束小型化意味着丝线材直径的减小，这使得线束在保持最小弯曲半径不变的同时能够更大程度地弯曲，从而具有更高柔性。同时，对于医疗线束用丝线材而言，还需考虑丝线材的可靠性、线缆护套、配接设计以及连接器类型等。

纯铜裸线可用于医疗器械线束电能及信号传输，线径范围为 0.02~0.2mm，具有高延伸性、高导电性、高传输性等特点。

合金裸线可用于窥镜线缆等医疗器械线束电能及信号传输。它们的线径范围为 0.016~0.16mm，具有高强度性抗疲劳等特点。

银铜合金和锡铜合金超声波诊断仪信号传输线，属于超声波诊断仪配件，用于超声波影像的高清晰传输。

此外，还有银铜合金极细同轴电缆，它是由数根导体绞合而成的内部导体同轴对，与绝缘体、外部导体、套管构成的电缆线，具有优异的耐弯曲性、信号高速传输性以及抗电磁干扰性，可用于超声波诊断装置用探测传输线、笔记本电脑及手机等电子设备的内部布线产品。

1.3 制备加工技术及发展趋势

高性能丝线材采用的常规制备工艺主要包括：连铸制备铸态杆坯→多道次连续拉拔（粗拉、中拉、微拉）→表面涂镀。在丝线材热处理方面主要包括：拉拔过程中线材在线退火工艺，以保障连续拉拔稳定性；终端线材在线退火工艺，以保证获得优良组织和表面质量，实现丝线材伸长率精确控制，降低残余应力；杆坯形变热处理技术，提高力学性能和传导性能。丝线材制备过程中，涉及铸态杆坯定向凝固组织和缺陷控制、超细超精连续拉拔工艺控制、表面镀层精确控制，以及使用性能和工艺性能调控等诸多关键环节。

1.3.1 丝线材现有制备加工技术

目前，国内制备丝线材可采用竖引或水平连铸技术进行加工。首先选用纯度高于 99.99% 的铜或银为基础材料，通过添加几种微量金属元素，预制成铜基或银基的混合材料，然后经过真空熔炼和定向凝固制成铸态杆坯，再通过多道次拉拔加工，采用中间及最终热处理后，直至加工成了各种规格的成品丝线材。

目前丝线材现有制备加工技术可分为连铸线坯法、连铸连轧线坯法、挤压制坯法、热型水平连铸（OCC）制坯法、冷型竖引连铸制坯法等[15]。典型工艺流程如图 1-9～图 1-11 所示。

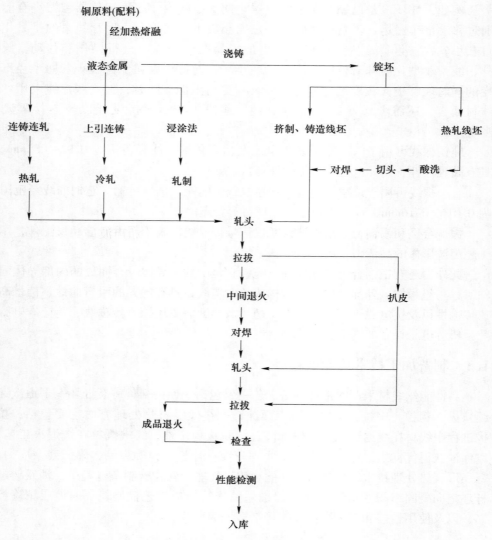

图 1-9　铜基线材生产工艺流程[15]

Fig. 1-9　Production process of copper based wire

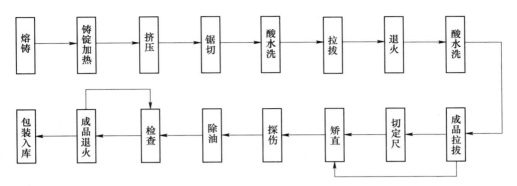

图 1-10　铜基丝线材熔铸→挤压→拉拔工艺流程[15]

Fig. 1-10　Process flow of copper based wire material：Melting casting→extrusion→drawing

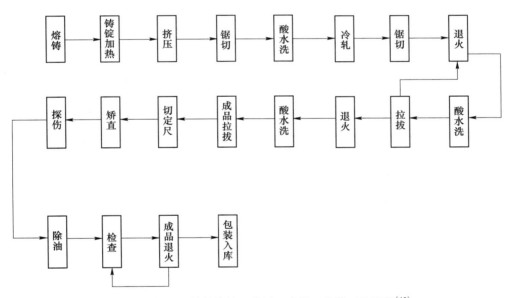

图 1-11　铜基丝线材熔铸→挤压→冷轧→拉拔工艺流程[15]

Fig. 1-11　Process flow of copper based wire material：

Melting casting→extrusion→cold rolling→drawing

1.3.1.1　线坯连铸制备技术

A　连铸连轧技术

连铸连轧法为光亮铜线坯的主要生产方法。典型的连铸连轮机由竖式熔炼炉、保温炉、轮带式或双带式连铸机、连轧机、冷却清洗、卷取、包装等装置组成。

连铸连轧工艺主要用于生产通信、电缆用高导低氧纯铜线杆，具有生产效率高、产品质量好的特点，适合电线、电缆用纯铜线杆这类需求巨大但合金品种单一的产品生产，其主要生产工艺流程为：竖炉熔化→电炉保温精炼→浇注系统→铸造机列→连轧机列→无酸清洗→卷曲收线。

目前连铸连轧技术主要有两种形式：美国 SCR 南线法和德国 CONTIROD 法。SCR 法为轮式铸造，CONTIROD 法为双钢带式铸造。SCR 法出坯存在热弯曲变形，在铸坯尚未充分结晶时易导致线坯表面微裂纹，而 CONTIROD 法出坯与水平方向呈 15°，热弯曲变形很小，完全避免了铸坯热裂纹倾向，结晶细小、均匀。

B　上引铸造—拉拔制备技术

上引连铸法是利用真空将熔体吸入结晶器，通过结晶器及其二次冷却而凝固成坯，同时通过牵引机构将铸坯从结晶器中拉出的一种连续铸造方法。

上引铸造是 20 世纪 60~70 年代芬兰发明的技术，适合含氧量 ≤20ppm 的无氧铜杆铸造，一般铸造规格为 $\phi 8 \sim 18mm$，这种上引无氧铜杆塑韧性极好、无氧化、无夹杂、线坯质量稳定，适用于电子引线、仪表用超细线材等各种超细线，最细可拉制 $\phi 0.001mm$ 的电子工业用线材。但上引铸造速度较慢，必须采用多线连续上引的方法，提高生产效率。目前在上引制坯技术方面普遍采用二炉合一、三炉合一的潜流式炉型结构，该种炉型密封性能好，液流过渡无暴露，减少了金属氧化吸氧的倾向，是目前无氧铜线坯的主要方式。

C　水平连铸—拉拔制备技术

水平连铸技术是 20 世纪 70 年代英国劳同美德公司发明的铜及铜合金坯料制备方法，目前在铜及铜合金线材生产中应用最为广泛，具有生产合金品种多、规格变化灵活、投资小、能耗低、工艺简单等优势。

水平连铸技术可以生产紫铜、黄铜、青铜、白铜各种合金线坯，坯料规格变化灵活，可以根据成品线径选择坯料尺寸，在保证产品组织、性能的基础上，最大限度地减少拉拔、退火次数，简化生产工艺，提高生产效率，特别是在合金异形线坯制造、高强度难变形合金线材生产方面具有独特的优势。

D　挤压—拉拔制备技术

传统的挤压法生产线坯是将铸造好的锭坯经加热后，放入挤压筒内，在压力作用下通过模孔成型线坯，经在线卷取成盘卷，待冷却后收入集线架。一般挤压圆线坯的规格为 $\phi 8 \sim 16mm$，还可以挤压成断面比较复杂的异形线坯。挤压能得到很好的坯料组织，有利于后序拉拔加工。

挤压生产灵活性大，适于合金牌号多、批量小的铜基线材生产。但设备投资较大、能耗较高、有压余、料头损失成品率不高，适合大型企业大批量生产，是目前大型综合性铜管棒厂生产的主要方式。

E 热型水平连铸技术

热型水平连铸技术（OCC）是 20 世纪 80 年代形成的单晶铜制坯技术，该技术为保证在纵向晶粒定向生长，采用加热结晶器技术，保证除底面外其他位置由于不具备形核条件，使拉铸时底面晶粒定向生长，形成单晶组织。该技术的工艺特点及其在制备单晶铜杆坯和铜基杆坯领域的应用将在第 2 章详细展开论述。

F 连续挤压制备技术

连续挤压（CONFORM）是 20 世纪 70 年代英国 Springfield 核能研究所发明的铜扁坯、异形坯料制备工艺，典型产品有紫铜扁线、异形滑触线、电机换向异形坯等。

连续挤压主要利用金属在模腔中由于摩擦产生的高温、高压使金属产生变形，属于热塑性变形，再结晶充分，组织结构优良，能耗低；设备投资低，不需配备加热设备；生产长度理论上不受限制；设备紧凑、占地面积小、自动化程度高，可进行连续化生产，无料头、压余，产品表面光洁、尺寸精确、无起皮、无毛刺。

1.3.1.2 丝线材拉拔和热处理技术

A 拉丝工序

目前，根据拉制丝线材的直径，拉丝工序分为粗拉、中拉、细拉和超细拉工序，相应的设备为粗拉丝机、中拉丝机、细拉丝机和超细拉丝机。此外，根据润滑剂的浸泡程度，分为湿式拉丝机和干式拉丝机。干式拉丝机仅在模具位置有润滑剂，而湿式拉丝机是整个模具和丝材全部浸泡在润滑剂中，考虑到湿式拉丝机的润滑效果，目前采用湿式拉丝机的较多。

除设备因素外，拉丝工序最重要的是模具表面质量。由于模具直接与丝线材表面接触，需定期对模具进行检测和抛光。不同类型丝线材的生产过程中，对模具的磨损程度是不同的，且模具的加工率也是不同的。同金基键合线相比，硬度较高的铜基键合线尤其镀钯铜丝对模具的磨损更为严重，故模具检验频次更高，更换频率更快；而硬度较低的银基键合线及银合金丝线材对模具的磨损程度相对较低。

此外，拉丝速度的合理设置可以保证设备的连续运转，生产过程中不出现断线问题。以金基键合线拉丝速度为基准，在超细拉工序环节，金基键合线拉丝速度为 6~10mm/s，铜基键合线尤其镀钯铜丝速度为 3~6mm/s，银基键合线及银合金丝的拉丝速度为 3~8mm/s，这主要是因为铜基和银基材料的延展性相对于金基材料较差，拉丝过程变形量小，拉丝速度慢。

润滑剂也是一个不可忽略的问题。随着拉丝过程中丝线材线径的减小，润滑液的浓度也在不断降低，残留在丝线材表面的润滑液减少；润滑液若残留过多，尤其在高温、高湿环境下使用时容易导致粘线，降低放线性能。因此，根据润滑剂的特点，不同阶段使用不同的润滑剂；根据不同类型的键合线，使用不同的润滑剂，如键合银及其合金丝有专用的抗氧化型润滑剂。

B　退火工序

目前，使用的退火炉有横式和竖式两种。退火工序中，最重要的是退火温度。退火温度决定了丝线材成品的力学性能，且与收线速度共同作用，决定了拉丝过程中残余应力的消除程度，进而影响成品的放线性能，以及键合线的垂直程度。

对于需要气体保护的丝线材，保护气体的类型、流量及路径均是需要考虑的要素。通常保护气体采用 $95\%N_2+5\%H_2$ 的混合气体，主要利用 H_2 的还原作用，若单独采用高纯 N_2 保护，一旦丝线材表面存在氧化问题，将无法彻底消除。例如：拉丝后的铜基键合线表面存在深红色的氧化物，采用 N_2 退火后该物质仍存在，故应采用混合气体，但要严格控制 H_2 的比例，避免爆炸事故发生。通常保护气体流量控制在 $2\sim6L/min$，路径控制应以充满整个退火管为原则。

退火过程中的张力控制系统也是一个重要因素。随着丝线材线径的减少，要求退火炉可以实现小张力控制，绕制微细丝。对于镀钯铜丝、银丝及银合金丝还需确定中间退火线径、温度及收线速度。此外，还有退火液的影响，退火液像一层薄膜覆盖在键合线表层。不同浓度的退火液决定了后期成品的放线性能，不同类型的键合线应使用不同的退火液。

C　绕线工序

目前，绕线机有一体机也有分体机，功能是相同的。老式绕线机收线系统的收线架是固定的，导致绕线过程中，尤其绕制高轴丝线材时，丝线材与线轴有倾角，位于线轴两端的丝线材受到拉力作用较大，易被拉长，且易导致绕线后张力不均匀及放线问题。新式绕线机收线系统的收线架是可以横向运动的，能始终保持丝线材与线轴的垂直关系。绕线机的张力控制系统也是其中的一个重要因素，对于银基键合线及银合金丝及细线径键合线，均需小张力绕制。

在拉丝、退火、绕线 3 个工序中，都涉及起支撑和导向作用的导向轮。导向轮有两种规格，直径分别为 50mm 和 30mm。大导向轮通常采用较硬的 Teflon（聚四氟乙烯）材质，小导向轮通常采用 POM（聚甲醛）材质。导向轮的表面质量直接影响丝线材的表面质量，虽不会造成较大的划伤，但容易造成轻微的划伤，易导致润滑液或退火液在此位置的残留，在显微镜下观察会有密密麻麻的小亮点。因此，导向轮在使用过程中也需要严格控制，定期清洗和抛光。

1.3.2 材料和装备技术发展趋势

1.3.2.1 丝线材用材料发展趋势

A 银基丝线材发展趋势

高洁净化趋势：追求高纯度，纯度越高，则杂质越少，微弱信号的损失越小，容易实现信号的高保真传输。线材所用金属的纯度应在 99.99%（4N）以上，现在发烧线材的纯度可达 6N~7N。

多元微合金化趋势：高纯银材料的基础上，采取多元掺杂合金，加入微量元素，减少金属化合物的形成，同时阻止了界面氧化物和裂纹的产生，提高界面结合性能、导电性和抗氧化性能，开发新型银基合金键合线。

多股线缆编制技术：若线材本身的防辐射屏蔽隔离效果不佳，电磁干扰、射频干扰等噪声便有可能干扰到正常的音频和视频信号，不同的绝缘材料有不同的电介质损耗，线材必须对电气电子设备所产生的电磁干扰、射频干扰等噪声具有良好的屏蔽性能。线缆屏蔽层的设计，端头接触是否良好、是否耐用，线芯的绞合技术对屏蔽外来信号都很关键。

B 铜基丝线材发展趋势

表面处理技术：铜基键合线处于高速发展阶段，且技术正在趋于完善。需要重点关注两个问题：一是氧化问题；二是柔软性问题。在铜基微细丝线材表面涂镀贵金属（金、银、钯）是提高抗氧化性能的主要途径，目前传统表面处理技术是在较粗的铜线上采用电镀工艺镀上较厚的镀层，然后在后道工序进行冷拉拔，但是在加工到一定程度后镀层的均匀性不能保证，会出现镀层脱离和破损等，难以实现极细丝线材加工。此外，电镀生产中要大量使用强酸、强碱、盐类和有机溶剂等，污染环境。因此，开发绿色高效表面处理技术是值得关注的发展趋势。

应用领域：

（1）电子通信领域：细线化、良好的机械物理性能、绝缘性强、耐高温、散热性能好等特点的高纯度铜合金极细同轴电缆将成为主要发展方向。

（2）半导体封装领域：高强度、高抗氧化性能、低成本的单晶铜合金键合线将成为主要发展方向。

（3）航空航天领域：质量轻、柔软、耐弯曲、耐振动、抗水解、抗干湿电弧、使用温度高，电气性能、力学性能俱佳的航空航天用铜合金导线将保持稳定的发展趋势。

（4）新能源领域：满足新能源汽车、光伏发电、风力发电等新能源领域的极细铜合金丝线材开发。

（5）医疗领域：医疗领域高清晰影音信号传输用铜基线缆。

（6）安防监控系统：高清安防监控系统要求清晰度高，且布线网络复杂，高保真音视频传输线用铜基丝线材市场空间巨大。

1.3.2.2　装备技术发展趋势

A　高速拉拔

采用高速拉拔主要是提高生产效率。但拉丝速度过快会引起丝线材变形不均从而导致线材性能不稳定，并引起一些严重的表面缺陷甚至断丝。因此，应在保证丝线材质量的前提下提高拉丝速度，拉丝速度还与整套模具在配比（变形量）、丝线材成分、模具材料、润滑油成分有关。目前国内 24 模卧式小拉机入线线径 $\phi0.50 \sim 1.00mm$、成品线径 $\phi0.08 \sim 0.30mm$，最大线速达 2500m/min[16,17]。

B　多头拉丝机

采用多头拉丝束线工艺时可将多根单线收绕在同一线盘内，解决传统拉丝束线工艺的束线工序中因单线根数多、放线盘占地面积大、张力控制不好、易于断线等问题，大大降低了处理线盘（包括装卸和搬运等）所需的时间、占地面积和人力，同时也直接提高了绞线工艺的效率，降低工人的劳动强度。

多头拉丝机的优点主要表现在：（1）高效：单位时间内与单头拉丝机相比，产量极大提高；（2）低耗：单位产量的耗电量降低；（3）高品质：由于多股线同时拉制同时退火，力学性能及电气性能一致；（4）实用性：快速换模，减少放线盘周转[18,19]。

C　无滑动拉丝机

拉丝机种类很多，滑动式连续拉丝机是拉线鼓轮圆周速度大于线材拉拔速度，并因此产生的摩擦力曳引线材拉过模具的拉线机。滑动式拉丝机的优点是总的延伸系数高、加工率大、拉拔速度高、产量大，易于实现自动化、机械化，线材与鼓轮间存在滑动等。

缺点是在拉线过程中为了克服线材产生的摩擦力要消耗很多功；对鼓轮表面的磨损很大；对配模要求严格，模具孔径稍有差异，就可能断线。

无滑动式拉丝机拉丝过程中走线速度与卷筒线速度相等，鼓轮并联组成，各鼓轮单独驱动、独立调速。其特点是：（1）拉拔时线材可能受到扭转，所以不能拉异形线；（2）由于拉线行程复杂，不能高速拉拔；（3）由于张力等其他因素的影响，不适用拉细线；（4）由于非滑动，轮鼓和线材之间不易损坏，适应于抗张力不大、抗磨性差的丝线材；（5）因每个鼓轮都储存线，某个轮停止，在较短时间内不影响其他轮工作；（6）结构简单，容易制造，投资少。

D　大容量收线机

根据金属丝线材线径的大小和收集盘卷重量的大小，线盘直径太小，生产工人需频繁更换线盘，工人劳动强度增加，生产成本增加。目前国内卧式收线机可以制造的成卷筒直径为 200～1200mm，但通常使用的卷筒直径为 400～600mm，而国外大多使用 630mm 以上的大容量线盘，一盘线 700～800kg，减少线盘更换次数，可大大减轻工人劳动强度[20,21]。

1.4　本章小结

　　本章首先介绍了丝线材的应用领域，高性能铜基/银基丝线材因具有优异的传导性能和良好的力学性能广泛应用于集成电路键合线、音视频传输线缆、医疗器械有源线束及各种电子元器件，并且随着 5G 时代的到来，对铜基/银基丝线材综合性能提出更高要求：使用性能要求高导电、高伸长率；工艺性能要求超细、超长、超精密。

　　其次，重点论述了不同类型铜基丝线材和银基丝线材的特点及应用领域，其中：

　　（1）集成电路领域。铜基/银基丝线材主要用于集成电路封装键合线。目前市场上使用的键合线按照基体主成分可分为金基键合线、银基键合线、铜基键合线，同时每种类型键合线又可分为金属单晶键合线、合金键合线和镀层金属键合线。

　　（2）音视频传输领域。铜基/银基丝线材作为传输电流和信号的导体材料，主要用于信号线、音箱线和电源线，具体论述了丝线材的材质、纯度、线径等因素对信号传输过程中音质特征（传输效率、瞬态响应、抗失真性、抗干扰性等）的影响规律。

　　（3）连接器领域。主要应用于高速连接器线缆组件，目前常用的铜基丝线材材质主要有黄铜、锡磷青铜、铍青铜。

　　（4）医疗器械领域。主要用于医疗电源线束和医疗设备线束等，医疗线束用丝线材服役环境严苛，需要考虑的因素复杂，对丝线材的要求更高。

　　最后，介绍了丝线材线坯制备、后续拉拔和热处理的现有制备加工技术现状，并分别从丝线材材料设计开发和装备技术方面的发展趋势进行了论述，重点关注了高速拉拔、多头拉丝机、无滑动拉丝机、大容量收线机。

参 考 文 献

[1] 文姗，常丽丽，尚兴军，等. 铜银合金导线的显微组织与性能 [J]. 中国有色金属学报，2015，25（6）：1655-1661.
WEN S，CHANG L L，SHANG X J，et al. Microstructure and properties of Cu-Ag alloy wire [J]. The Chinese Journal of Nonferrous Metals，2015，25（6）：1655-1661.

[2] 李周，肖柱，姜雁斌，等. 高强导电铜合金的成分设计、相变与制备 [J]. 中国有色金属学报，2019，29（9）：2019-2049.
LI Z, XIAO Z, JIANG Y B, et al. Composition design, phase transition and fabrication of copper alloys with high strength and electrical conductivity [J]. The Chinese Journal of Nonferrous Metals, 2019, 29（9）: 2019-2049.

[3] 崔兰，季小娜，陈小平，等. 高强高导纯铜线材及铜基材料的研究进展 [J]. 稀有金属，2004，28（5）：917-920.
CUI L, JI X N, CHEN X P, et al. Research and development of pure copper wires and copper-based materials with high strength and high conductivity [J]. Chinese Journal of Rare Metals, 2004, 28（5）: 917-920.

[4] 吴子平，李精忠. 铜合金线材的应用及其生产工艺 [J]. 上海有色金属，2017（3）：17-20.
WU Z P, LI J Z. Applications of copper alloys wires and their production processes [J]. Shanghai Nonferrous Metals, 2017（3）: 17-20.

[5] 宋慧芳. 微电子器件封装铜线键合可行性分析 [J]. 电子与封装，2012（2）：12-14.
SONG H F. Feasibility analysis of Cu wires bonding in packaging [J]. Electronics and Packaging, 2012（2）: 12-14.

[6] 丁雨田，曹军，许广济，等. 电子封装 Cu 键合丝的研究及应用 [J]. 铸造技术，2006（9）：971-974.
DING Y T, CAO J, XU G J, et al. Research and application of copper bonding wire in electronic packaging [J]. Foundry Technology, 2006（9）: 971-974.

[7] 宋伟星. 铜银复合键合丝的制备与组织性能研究 [D]. 太原：太原理工大学，2019.
SONG W X. Preparation and research of copper-silver composite bond wire [D]. Taiyuan: Taiyuan University of Technology, 2019.

[8] 张志刚. 高导高强铜银合金丝的开发及连续化生产技术 [D]. 郑州：郑州大学，2013.
ZHANG Z G. Study on high conductivity and high strength copper-silver alloy wire and new continuously manufacturing techniques [D]. Zhengzhou: Zhengzhou University, 2013.

[9] 孔亚南. 镀钯铜线的制作工艺及性能研究 [D]. 兰州：兰州理工大学，2013.
KONG Y N. The Research on manufacturing process and properties of palladium coated copper wire [D]. Lanzhou: Lanzhou University of Technology, 2013.

[10] 梁爽，黄福，彭成，等. 电子封装用铜及银键合丝研究进展 [J]. 功能材料，2019，50（5）：5048-5053，5063.
LIANG S, HUANG F, PENG C, et al. Research propress on copper and silver bonging wires for microelectronic packaging technology [J]. Journal of Functional Materials, 2019, 50（5）: 5048-5053, 5063.

[11] 陈永泰，谢明，王松，等. 贵金属键合丝材料的研究进展 [J]. 贵金属，2014，35（3）：66-70.
CHEN Y T, XIE M, WANG S, et al. Research progress on the precious metal bonding wire materials [J]. Precious Metals, 2014, 35（3）: 66-70.

［12］林良，臧晓丹．封装用抗腐蚀高可靠性银合金丝［J］．电子与封装，2014，14（3）：9-13.

LIN L, ZANG X D. Introduction of a corrosion-resistant high-reliability silver alloy bonding wire in package ［J］. Electronics & Packaging, 2014, 14 (3)：9-13.

［13］王智，马玲芝．论线材对音响系统音质的影响［J］．电声技术，2016，40（9）：34-38，79.

WANG Z, MA L Z. Influence of wire on sound quality of sound system ［J］. Audio Engineering, 2016, 40 (9)：34-38, 79.

［14］林平．音响线材的特点与选择［J］．家用电器，2000（12）：5.

LIN P. Characteristics and selection of sound wire ［J］. Household Electric Appliances, 2000 (12)：5.

［15］居敏刚，李耀群，曹建国．铜及铜合金棒、线材生产技术［M］．北京：冶金工业出版社，2009.

JU M G, LI Y Q, CAO J G. Production technology of copper and copper alloy rod and wire ［M］. Beijing：Metallurgical industry press, 2009.

［16］http：//www. wxjhc. cn/jhc/post/31. html：我国拉丝机行业现状及发展趋势．

http：//www. wxjhc. cn/jhc/post/31. html：Current situation and development trend of wire drawing machine industry in China.

［17］https：//www. heraeus. cn/cn：贺利氏电子．

https：//www. heraeus. cn/cn：Heraeus electron Group.

［18］陈鼎彪，凌小八．多头拉丝机在汽车线用软铜导体生产中的应用分析［J］．冶金与材料，2018，38（1）：47-49.

CHEN D B, LING X B. Application analysis of multi head wire drawing machine in production of soft copper conductor for automobile line ［J］. Metallurgy and Materials, 2018, 38 (1)：47-49.

［19］https：//wenku. baidu. com/view/8f9e04c 88562caa edd3383c 4bb 4cf7ec4afeb634. html? fr = search-1_ incomeN：2020-2026 年中国拉丝机市场研究与前景趋势分析报告．

https：//wenku. baidu. com/view/8f9e04c88562caaedd3383c4bb4cf7ec4afeb634. html? fr = search-1_ incomeN：China wire drawing machine Market Research and prospect trend analysis report from 2020 to 2026.

［20］http：//www. lq568. com/news/news437. html：国内拉丝机发展前景．

http：//www. lq568. com/news/news437. html：Development prospect of domestic wire drawing machine.

［21］http：//www. jspoly. com/products/17/2014-02-26/376. html：线缆设备专业制造商．

http：//www. jspoly. com/products/17/2014-02-26/376. html：Cable equipment manufacturer.

2 热型水平连铸技术

2.1 热型水平连铸工艺特点

连铸制备高质量杆坯是开发高性能铜基丝线材的首要关键环节。对于高端音视频线领域用铜基丝线材，具有单晶或平行于轴线柱状晶组织特征的丝线材有利于后续加工和组织纯净度提升，进而保障信号传输的保真度。热传导方式决定了固—液界面形状和位置、晶粒数量和方向，常规冷型连铸技术晶粒优先在结晶器内壁形核，由于径向热传达效率远高于轴向，晶粒沿径向生长形成垂直于轴向的晶粒组织（见图 2-1），固—液界面为深 V 形，易在心部产生孔洞等缺陷，如图 2-2（a）所示。

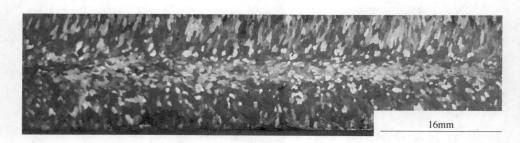

16mm

图 2-1 常规冷型连铸技术制备的垂直于轴向的晶粒组织

Fig. 2-1 Grain structure perpendicular to axial direction prepared by conventional cold mould continuous casting

20 世纪 80 年代，日本千叶工业大学的大野笃美（Ohno A）教授首次公开提出了将连续铸造和定向凝固结合起来的热型连铸技术（Ohno Continuous Casting，简称 OCC）。该技术采用加热结晶器铸型代替常规冷却铸型[1,2]，金属熔体通过结晶器时温度仍在熔点之上，固—液界面位于结晶器末端，通过热型结晶器+铸坯强制冷却，消除了晶粒在结晶器内壁生成，改变了热传导路径，轴向热传导效率远高于径向热传导效率，实现轴向柱状晶组织形成。同时，固—液界面形状由深 V 形变为凸向金属液方向的 C 形，如图 2-2（b）所示，消除了铸造缺陷[3~5]。

热型连铸技术主要有两个工艺参数：GL 为固—液界面前沿液相中的温度梯

度；R 为界面凝固速率（晶体生长速率）。温度梯度和凝固速率两者相对独立变化，任一参数的变动都会影响合金凝固组织。凝固速率主要通过连铸速度调控，温度梯度主要与铸型温度和冷却水流量有关。因此，可以通过改变热型连铸设备的连铸速度、铸型温度和冷却水流量等参数，调控铸态杆坯凝固组织。研究发现，G_L/R 控制晶体长大形态，而 $G_L·R$ 则影响晶粒尺寸的大小。G_L/R 减小时，晶体形态演变规律为：低速生长的平面晶→胞晶→枝晶→细晶→高速生长平面晶；$G_L·R$ 增大，晶体尺寸、间距减小。连铸工艺参数控制的关键原则是在保持较高、稳定的温度梯度情况下，提高凝固速率，使组织得到细化，并形成具有轴向柱状晶组织的高质量杆坯[6~8]。

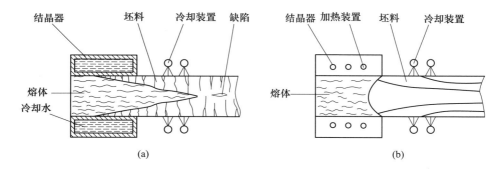

图 2-2　常规冷型连铸深 V 形固—液界面形状（a）
和热型水平连铸 C 形固—液界面形状（b）

Fig. 2-2　Solid-liquid interface of deep V-shape in conventional cold mould continuous casting（a），
and C-type shape in hot mould horizontal continuous casting（b）

西安交通大学邢建东译大野笃美著的《金属的凝固理论、实践及应用》[3]，将热型连铸技术（OCC）介绍到国内。自热型连铸技术提出以来，国内外研究人员基于 OCC 原理不断对连铸设备进行改进和开发，逐步出现了基于热型下引式连续铸造、热型虹吸下引式连续铸造、热型上引式连续铸造、热型水平式连续铸造等工艺和装备，如图 2-3 所示。

西北工业大学凝固技术国家重点实验室傅恒志、范新会等人[12~14]自 90 年代初开始研究热型水平连铸技术在制备单晶组织方面的应用，在实验室内研发出基于 OCC 原理的单晶连铸设备，制备出直径为 8mm 的单晶铝、铜线材。单晶连铸技术是 OCC 技术的进一步发展，其理论依据是晶体生长过程中的竞争机制，即优先生长方向与热流方向相一致，处于最有利条件的晶体将优先生长，逐步淘汰其余晶体。通过工艺参数优化，控制凝固界面形态及铸锭的热流场分布，促进竞争生长，可实现单晶连铸。

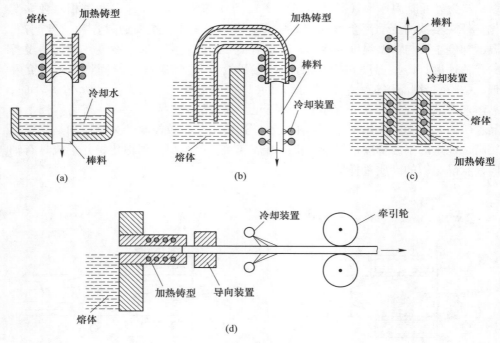

图 2-3　应用 OCC 原理的杆坯热型连铸方法[3,9~11]

（a）下引式连续铸造；（b）虹吸下引式连续铸造；（c）上引式连续铸造；（d）水平式连续铸造

Fig. 2-3　Hot mould continuous casting method based on OCC principle[3,9~11]

（a）Down drawing continuous casting；（b）Siphon down drawing continuous casting；

（c）Up drawing continuous casting；（d）Horizontal continuous casting

2.2　热型水平连铸制备单晶铜杆坯

　　热型水平连铸工艺参数决定了固—液界面形状和位置、影响晶粒竞争生长行为。固—液界面形状决定了杆坯内部凝固组织缺陷抑制，固—液界面位置决定了杆坯表面质量，晶粒竞争生长行为决定了单晶或柱状晶凝固组织的形成趋势。国内外学者针对热型水平连铸制备单晶铜的研究，主要集中在：采用微观组织模拟手段研究连铸工艺参数对固—液界面形状、晶粒生长行为以及单晶形成机制的影响；采用实验手段研究连铸工艺参数对导电性能、力学性能、枝晶间距和大小、断裂机制等的影响。

2.2.1　热型连铸制备单晶铜微观组织模拟

　　采用微观组织模拟可跟踪显示晶体形核、生长和组织形态转变过程，定量预测枝晶形貌和晶粒度，进而通过改变工艺参数来消除实际生产中出现的大晶粒和混晶等缺陷，从而获得理想的显微组织。兰州理工大学丁雨田等人[15~19]构建了基于直接差分—元胞自动控制（CA-DD 模型）的凝固过程微观组织演化宏观—微观统一模型；研究了连铸速度、冷却水温度和流量、铸型温度、熔体温度、冷却距离等热型连铸工艺参数对固液界面、晶粒演化的影响规律；探明了连铸工艺参数对固—液界面形状、位置以及晶粒竞争生长行为的作用机制；揭示了单晶组织形成规律：晶粒迅速淘汰阶段→柱状晶竞争生长阶段→单晶生长阶段。

　　图 2-4 和图 2-5 分别为连铸速度对固—液界面特征和晶粒组织的影响。连铸速度分别为 20mm/min、40mm/min、60mm/min，其他工艺参数为：铸型温度 1090℃、熔体温度 1150℃、冷却水温度 20℃、冷却水流量 400mL/min、冷却距离 30mm。从图中可以看出，随着连铸速度的增大，固—液界面的凸起趋势逐渐减小，固—液界面的位置从铸型内部逐渐向铸型外移动，晶粒的淘汰趋势减弱。连铸速度对固—液界面形状、位置和晶粒淘汰的影响较大，是单晶铜热型水平连铸过程中影响晶粒组织演化的主要因素。冷却强度对晶粒淘汰趋势影响不大，但采用较高的铸型温度和较高的冷却强度可以保证铜杆坯表面质量和连铸过程中不拉漏断裂。

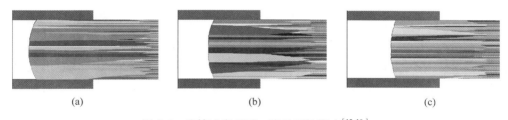

（a）　　　　　　　　　　（b）　　　　　　　　　　（c）

图 2-4　连铸速度对固—液界面的影响[15,16]

（a）20mm/min；（b）40mm/min；（c）60mm/min

Fig. 2-4　Effect of continuous casting speed on solid-liquid interface[15,16]

（a）20mm/min；（b）40mm/min；（c）60mm/min

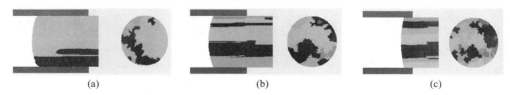

（a）　　　　　　　　　　（b）　　　　　　　　　　（c）

图 2-5　连铸速度对晶粒淘汰的影响[15]

（a）20mm/min；（b）40mm/min；（c）60mm/min

Fig. 2-5　Effect of continuous casting speed on grain elimination[15]

（a）20mm/min；（b）40mm/min；（c）60mm/min

　　热型水平连铸制备单晶铜的晶粒组织演化过程如图 2-6 所示，连铸速度 30mm/min。单晶连铸过程中，连铸刚刚开始时，靠近引锭处金属液由于过冷度较大，形成了较多取向各异的晶粒，此时由于晶粒数量较多，而且取向差异比较大，晶粒淘汰较快；当淘汰掉一定数目的晶粒后，由于所剩的晶粒取向较好且相差不大，晶粒淘汰速率较慢；在最后阶段，晶粒的数目越来越少，但趋向非常接近，以至于最后淘汰至一个晶粒所用的时间明显加长。

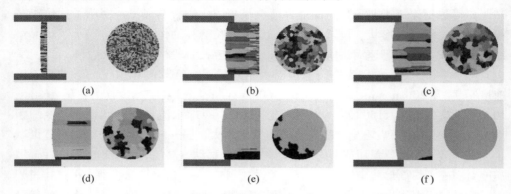

图 2-6　铜单晶组织演化模拟图[15]

(a) $t=1$s；(b) $t=10$s；(c) $t=20$s；(d) $t=60$s；(e) $t=400$s；(f) $t=1100$s

Fig. 2-6　Microstructure evolution simulation of copper single crystal[15]

(a) $t=1$s；(b) $t=10$s；(c) $t=20$s；(d) $t=60$s；(e) $t=400$s；(f) $t=1100$s

图 2-7 为不同连铸速度下微观组织模拟结果与实际试验结果的对比。由图可知，模拟结果和实际结果基本吻合，与连铸速度为 30mm/min 相比，当连铸速度提高到 80mm/min 时，铜单晶的组织演化较为困难。

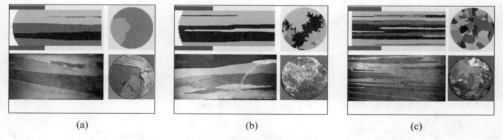

图 2-7　不同连铸速度下铜杆坯纵/横截面模拟图与实际微观组织[15]

(a) 30mm/min；(b) 40mm/min；(c) 80mm/min

Fig. 2-7　Simulation diagram and actual microstructure of copper rod

prepared by different casting speeds[15]

(a) 30mm/min；(b) 40mm/min；(c) 80mm/min

2.2.2　连铸工艺参数对单晶铜组织性能的影响

研究热型连铸工艺制备单晶铜的相关单位主要有西北工业大学、西安交通大学、兰州理工大学、河南科技大学、江西理工大学、广东工业大学、北京科技大学、西安工学院、上海交通大学等单位[20~28]，研究方向主要集中在单晶热型连铸技术的原理、技术特点，以及连铸工艺参数对单晶铜电导率、强度、伸长率、断裂行为以及微观组织的影响规律。

例如：采用全流程保护热型水平连铸技术制备出 $\phi 8\sim16mm$ 单晶铜杆坯，重点研究了连铸工艺参数对单晶铜杆坯表面质量、内部微观组织及力学性能和导电性能的影响规律（见图2-8）。表2-1为热型连铸工艺参数对铸态杆坯表面质量的影响，从表中可以看出连铸速度、冷却水量、冷却距离的改变，会影响固-液界面位置，进而影响铸态杆坯的表面质量，连铸工艺参数控制不当，杆坯表面易出现竹节状缺陷，甚至造成拉漏现象（见图2-9）。

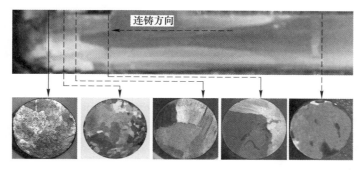

图2-8　热型水平连铸原理图及铜杆不同位置横截面晶粒特征

Fig. 2-8　Schematic diagram of hot mould horizontal continuous casting and grain characteristics of cross section at different positions of copper rod

表2-1　热型水平连铸工艺参数对杆坯表面质量的影响

Table 2-1　Effect of process parameters of hot mould horizontal continuous casting on surface quality of bar billet

序号	连铸速度/mm·min⁻¹	冷却水量/L·h⁻¹	冷却距离/mm	铸态杆坯表面质量
1	25.6	25	30	光滑
2	25.6	25	增至40	光滑→竹节状
3	25.6	增至60	降至30	竹节状→热裂
4	降至15.3	降至25	30	热裂
5	增至25.6	25	增至40	热裂→竹节状
6	降至14	增至60	40	竹节状→光滑

对热型水平连铸工艺制备的单晶铜杆坯进行了室温拉伸实验，研究了单晶铜杆坯"扁铲状"断口形貌及断裂机制。从图2-10中可以发现单晶铜铸态杆坯断

口呈扁铲状，同时存在明显的断裂带，该断裂带与断口长轴方向相平行，断裂带两侧韧窝分布致密均匀。进一步观察发现，断裂带两侧韧窝形状和生长方向明显不同：左侧区域Ⅱ中韧窝较浅且数量少，其生长方向垂直于断裂带；区域Ⅲ中韧窝密集且呈抛物线状，扩展方向与断裂带相垂直；右侧区域Ⅲ为典型韧窝结构，韧窝较深且大小均匀。单晶铜断裂机理为微孔长大型断裂[29,30]。

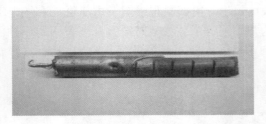

图 2-9　热型水平连铸制备单晶铜杆坯竹节状缺陷与拉漏

Fig. 2-9　Bamboo like defects and leakage of single crystal copper rod billet prepared by hot mould horizontal continuous casting

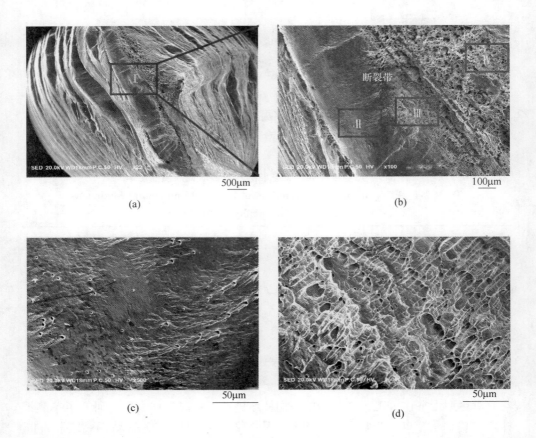

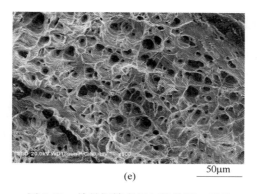

(e)

图 2-10 单晶铜铸态杆坯拉伸断口形貌

（a）低倍下断口形貌；（b）图（a）中区域Ⅰ形貌；（c）图（b）中区域Ⅱ形貌；

（d）图（b）中区域Ⅲ形貌；（e）图（b）中区域Ⅳ形貌

Fig. 2-10　Tensile fracture morphology of single crystal copper as-cast rod

（a）Morphology at low magnification；（b）Morphology of region Ⅰ in Fig.（a）；

（c）Morphology of region Ⅱ in Fig.（b）；（d）Morphology of region Ⅲ in Fig.（b）；

（e）Morphology of region Ⅳ in Fig.（b）

　　图 2-11 为铸态单晶铜横截面以及纵截面 XRD 图谱。由图可知，横截面上垂直于轴向的晶面主要是（200），说明晶体优先生长方向为<100>晶向；对比纵截面的晶粒取向，发现纵截面晶粒织构组分均以<111>为主，且存在部分<100>和<311>织构以及少量<110>织构。

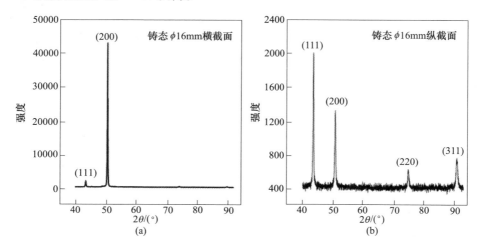

图 2-11 单晶铜铸态杆坯 XRD 衍射图谱

（a）横截面；（b）纵截面

Fig. 2-11　XRD patterns of single crystal copper as-cast rod

（a）Cross section；（b）Longitudinal section

2.3　热型水平连铸制备铜银合金杆坯

在热型水平连铸制备单晶铜基础上，国内外学者进一步开展了热型水平连铸制备单晶 Sn 带材[31]、纯铜带材[32]、Cu-Ag 合金[33]、Cu-Ag-Y 合金[34]、Cu-Cr 合金[35]、Cu-Al-Ni 合金[36]、Al-Fe-Cu 合金[37] 的组织性能研究。

本团队[33,38,39] 采用热型水平连铸工艺制备了 Cu-Ag 合金、Cu-Ag-Cr 合金，重点研究了连铸速度（20mm/min、30mm/min、40mm/min、50mm/min、60mm/min）对铸态 Cu-3.5Ag 合金溶质扩散、纵/横截面枝晶形态与分布特征的影响。图 2-12~ 图 2-16 分别为连铸速度为 20mm/min、30mm/min、40mm/min、50mm/min、60mm/min 时 Cu-3.5Ag 合金铸态显微组织。从图 2-12 ~ 图 2-16 的研究发现：垂直于连铸方向的微观组织（横向组织）以交错排布的"纺布"形枝晶形态为主，且随着连铸速度增加，枝晶逐渐细化，进一步分析表明横向组织主要由初生 α 相和由于离异共晶而出现的不平衡态（α+β）共晶相组成，铸态力学性能与"纺布"形枝晶数量和大小有关；平行于连铸方向的微观组织（纵向组织）以规则排布的"鱼骨"状枝晶形态为主，且随着连铸速度增加，"鱼骨"状枝晶逐渐增多，铸态导电性能变化主要与"鱼骨"状枝晶数量和分布有关。

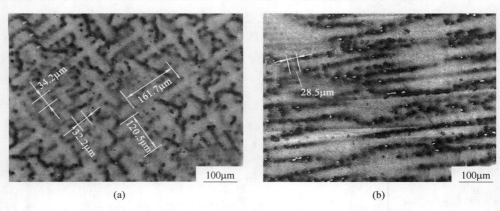

(a)　　　　　　　　　　　　　　(b)

图 2-12　连铸速度 20mm/min 时 Cu-3.5Ag 合金杆坯铸态组织[33]

（a）垂直连铸方向截面；（b）平行连铸方向截面

Fig. 2-12　As-cast microstructure of Cu-3.5Ag alloy prepared at continuous

casting speed of 20mm/min[33]

（a）Section perpendicular to continuous casting direction；（b）Section parallel to continuous casting direction

进一步研究发现，枝晶间隙存在的白点为非平衡 Ag 共晶相颗粒，主要原因是非平衡凝固过程溶质分配系数不同，使得凝固时溶质原子 Ag 被先凝固的初生 α 相排出至液相，形成溶质富集层，温度降低，则发生共晶反应。连铸速度对 Ag 共晶相颗粒的大小影响不显著，而通过影响枝晶排列方式显著影响 Ag 共晶相

(a)　　　　　　　　　　　　　　　(b)

图 2-13　连铸速度 30mm/min 时 Cu-3.5Ag 合金杆坯铸态组织[33]

（a）垂直连铸方向截面；（b）平行连铸方向截面

Fig. 2-13　As-cast microstructure of Cu-3.5Ag alloy prepared at

continuous casting speed of 30mm/min[33]

（a）Section perpendicular to continuous casting direction；（b）Section parallel to continuous casting direction

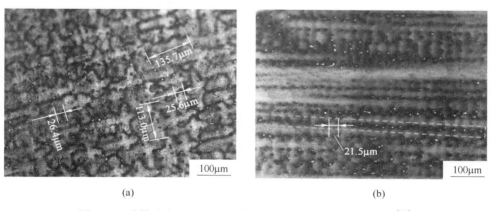

(a)　　　　　　　　　　　　　　　(b)

图 2-14　连铸速度 40mm/min 时 Cu-3.5Ag 合金杆坯铸态组织[33]

（a）垂直连铸方向截面；（b）平行连铸方向截面

Fig. 2-14　As-cast microstructure of Cu-3.5Ag alloy prepared at

continuous casting speed of 40mm/min[33]

（a）Section perpendicular to continuous casting direction；（b）Section parallel to continuous casting direction

颗粒在枝晶间隙的分布状态。随着连铸速度的增加，枝晶间距变小，横向“纺布”形枝晶组织和纵向“鱼骨”状组织均变细密，枝晶间隙的非平衡 Ag 共晶相颗粒沿连铸方向的分布更加均匀弥散。

(a)　　　　　　　　　　　　　　　　(b)

图 2-15　连铸速度 50mm/min 时 Cu-3.5Ag 合金杆坯铸态组织[33]

（a）垂直连铸方向截面；（b）平行连铸方向截面

Fig. 2-15　As-cast microstructure of Cu-3.5Ag alloy prepared at

continuous casting speed of 50mm/min[33]

（a）Section perpendicular to continuous casting direction；（b）Section parallel to continuous casting direction

(a)　　　　　　　　　　　　　　　　(b)

图 2-16　连铸速度 60mm/min 时 Cu-3.5Ag 合金杆坯铸态组织[33]

（a）垂直连铸方向截面；（b）平行连铸方向截面

Fig. 2-16　As-cast microstructure of Cu-3.5Ag alloy prepared at

continuous casting speed of 60mm/min[33]

（a）Section perpendicular to continuous casting direction；（b）Section parallel to continuous casting direction

2.4　本章小结

　　本章首先介绍了热型水平连铸工艺的发展历史、工艺特点，采用加热结晶器铸型代替常规冷却铸型，通过热型结晶器+铸坯强制冷却，使得轴向热传导效率远高于径向热传导效率，可实现轴向柱状晶组织形成，固—液界面形状由深 V 形变为凸向金属液方向的 C 形，有利于铸造缺陷的消除。同时，介绍了西安交通大学、西北工业大学等在热型水平连铸工艺方面开展的相关研究。

其次，介绍了本团队采用热型水平连铸制备单晶铜杆坯的相关研究成果。采用微观组织模拟手段构建了基于直接差分—元胞自动控制（CA-DD 模型）的凝固过程微观组织演化宏观—微观统一模型，研究了连铸速度、冷却水温度和流量、铸型温度、熔体温度、冷却距离等热型连铸工艺参数对固—液界面、晶粒演化的影响规律，探明了连铸工艺参数对固—液界面形状、位置以及晶粒竞争生长行为的作用机制，揭示了单晶组织形成规律：晶粒迅速淘汰阶段→柱状晶竞争生长阶段→单晶生长阶段。

最后，在热型水平连铸制备单晶铜基础上，介绍了本团队采用热型水平连铸工艺制备 Cu-Ag 合金、Cu-Ag-Cr 合金的相关成果，重点研究了连铸速度对铸态铜银合金溶质扩散、纵／横截面枝晶形态与分布特征的影响规律：垂直于连铸方向的微观组织以交错排布的"纺布"形枝晶形态为主，且随着连铸速度增加，枝晶逐渐细化，杆坯力学性能与"纺布"形枝晶数量和大小有关；平行于连铸方向的微观组织以规则排布的"鱼骨"状枝晶形态为主，且随着连铸速度增加，"鱼骨"状枝晶逐渐增多，杆坯导电性能变化主要与"鱼骨"状枝晶数量和分布有关。

参 考 文 献

[1] 大野笃美，高泽生. 平滑表面铸锭的连续铸造法 [J]. 轻合金加工技术，1980（1）：1-2.
KENOMI O, GAO Z S. Continuous casting of ingots with smooth surface [J]. Light Alloy Fabrication Technology, 1980（1）：1-2.

[2] 大野笃美，朱玉俭. 采用 OCC 工艺开发新产品 [J]. 轻合金加工技术，1991（3）：20-23.
KENOMI O, ZHU Y J. Developing new products with OCC process [J]. Light Alloy Fabrication Technology, 1991（3）：20-23.

[3][日] 大野笃美 著，邢建东 译. 金属的凝固理论、实践及应用 [M]. 北京：机械工业出版社，1990.
KENOMI O, XING J D. Solidification theory, practice and application of metals [M]. Beijing: Machinery Industry Press, 1990.

[4] 李林升. Cu-Cr 合金的热型连铸 [D]. 广州：广东工业大学，2004：12-18.
LI L S. Hot mold continuous casting of Cu Cr alloy [D]. Guangzhou: Guangdong University of Technology, 2004：12-18.

[5] 季灯平，刘雪峰，谢建新，等. Cu-12%Al 铝青铜线材的连续定向凝固制备 [J]. 金属学报，2006，42（12）：1243-1347.

JI D P, LIU X F, XIE J X, et al. Preparation of Cu-12%Al albronze wires by continuous unidirectional solidification [J]. Acta Metallurgica Sinica, 2006, 42 (12): 1243-1347.

[6] 李来军. 连续定向凝固技术制备 Cu-Ag、Cu-Cr 合金线材及其组织和性能研究 [D]. 兰州: 兰州理工大学, 2004: 34-44.

LI L J. Study on the microstructure and the mechanical and electrical properties of copper alloy wires prepared by continuous directional solidification process [D]. Lanzhou: Lanzhou University of Technology, 2004: 34-44.

[7] 安桂焕. 热型连铸单晶铜杆装置及其工艺的研究 [D]. 赣州: 江西理工大学, 2013: 43-45.

AN G H. Study on the device and technology of single crystal copper rod for hot mold continuous casting [D]. Ganzhou: Jiangxi University of Science and Technology, 2013: 43-45.

[8] 许振明. 连铸铜单晶工艺参数的匹配及其对铸棒表面质量和组织的影响 [J]. 中国有色金属学报, 1999, 9 (Z1): 221-228.

XU Z M. Matching of technological parameters and its effect on surface quality and cast structure of copper single crystal rod during continuous casting [J]. The Chinese Journal of Nonferrous metals, 1999, 9 (Z1): 221-228.

[9] 封存利, 范广新, 邱胜利, 等. 热型连铸单晶 Cu 设备的开发与应用 [J]. 特种铸造及有色合金, 2015, 35 (7): 737-739.

FENG C L, FAN G X, QIU S L, et al. Development and application of horizontal ohno continuous casting equipment [J]. Special Casting and Nonferrous Alloys, 2015, 35 (7): 737-739.

[10] 王彦红, 肖来荣, 胡炜, 等. 水平热型连铸定向凝固设备研究 [J]. 特种铸造及有色合金, 2014, 34 (5): 510-512.

WANG Y H, XIAO L R, HU W, et al. Unidirectional solidification equipment for horizontal ohno continuous casting [J]. Special Casting and Nonferrous Alloys, 2014, 34 (5): 510-512.

[11] 丁雨田, 柳建, 陈卫华, 等. 横引式真空熔炼氩气保护热型连铸设备研究 [J]. 铸造技术, 2007 (6): 827-830.

DING Y T, LIU J, CHEN W H, et al. Research on horizontal heated mold continuous casting equipment under conditions of vacuum melting and argon shield [J]. Foundry Technology, 2007 (6): 827-830.

[12] 范新会, 魏朋义, 李建国, 等. 单晶连铸技术原理及试验研究 [J]. 中国有色金属学报, 1996 (4): 109-112.

FAN X H, WEI P Y, LI J G, et al. Technical principle and experimental study of single crystal continuous casting [J]. The Chinese Journal of Nonferrous Metals, 1996 (4): 109-112.

[13] 范新会, 李建国, 傅恒志. 单晶连铸技术研究评述 [J]. 材料导报, 1996 (3): 1-6.

FAN X H, LI J G, FU H Z. Review of the studies on the continuous casting of single crystal metals [J]. Materials Review, 1996 (3): 1-6.

[14] 范新会, 蔡英文, 魏朋义, 等. 单晶连铸技术研究 [J]. 材料研究学报, 1996 (3): 264-266.

FAN X H, CAI Y W, WEI P Y, et al. Continuous casting technology of single crystal metals [J]. Chinese Journal of Materials Research, 1996 (3): 264-266.

[15] 丁雨田. 热型连铸凝固过程微观组织形成的数值模拟 [D]. 兰州: 兰州理工大学, 2005.
DING Y T. Numerical simulation of microstructure formation in solidification process of hot mold continuous casting [D]. Lanzhou: Lanzhou University of Technology, 2005.

[16] 丁雨田, 许广济, 王海南, 等. 热型连铸凝固过程微观组织形成的数值模拟 [J]. 特种铸造及有色合金, 2005 (12): 707-711.
DING Y T, XU G J, WANG H N, et al. Numerical simulation of microstructure formation during solidification process in heated mould continuous casting [J]. Special Casting Nonferrous Alloys, 2005 (12): 707-711.

[17] 丁雨田, 张琴豫, 许广济, 等. 纯铜热型连铸过程三维微观组织模拟 [J]. 特种铸造及有色合金, 2006 (9): 554-558.
DING Y T, ZHANG Q Y, XU G J, et al. 3-D Simulation of microstructure of pure Cu in heated mould continuous casting [J]. Special Casting Nonferrous Alloys, 2006 (9): 554-558.

[18] 寇生中, 丁雨田. 热型连铸固液界面位置和形状的控制分析 [J]. 铸造技术, 2008 (1): 72-74.
KOU S Z, DING Y T. Control and analysis of location and shape of solid/liquid interface in heated mold continuous casting [J]. Foundry Technology, 2008 (1): 72-74.

[19] 昝斌, 寇生中, 丁雨田. 铸型温度梯度对热型连铸固液界面位置的影响 [J]. 铸造, 2007 (6): 597-598.
ZAN B, KOU S Z, DING Y T. Effect of Temperature Gradient of Mold on the Position of Solid-Liquid Interface in Heated-Mold Continuous Casting [J]. Foundry, 2007 (6): 597-598.

[20] 丁宗富. 单晶连铸法制备铜单晶体的试验研究 [D]. 兰州: 甘肃工业大学, 2001.
DING Z F. Study on producing pure copper single crystal ingot by continuous casting of single crystal metals (CCSC) [D]. Lanzhou: Gansu Polytechnical University, 2001.

[21] 丁雨田, 许广济, 郭法文, 等. 热型连铸单晶铜的性能 [J]. 中国有色金属学报, 2003 (5): 1071-1076.
DING Y T, XU G J, GUO F W, et al. Properties of single crystal copper produced by heated mould continuous casting [J]. The Chinese Journal of Nonferrous Metals, 2003 (5): 1071-1076.

[22] 赵干, 倪锋, 魏世忠, 等. 热型连铸技术在单晶铜生产中的应用状况 [J]. 铸造设备研究, 2006 (4): 46-51.
ZHAO G, NI F, WEI S Z, et al. Review of ohno continuous casting and its application for single crystal of copper [J]. Research of Foundry Equipment, 2006 (4): 46-51.

[23] 岳留振, 倪锋, 张永振, 等. 热型连铸技术的发展与应用 [J]. 铸造设备研究, 2004 (1): 14-18.
YUE L Z, NI F, ZHANG Y Z, et al. Development and application of the Ohno continuous casting process [J]. Research of Foundry Equipment, 2004 (1): 14-18.

[24] 彭孜, 李明茂. 单晶连铸技术的发展及其在单晶铜生产中的应用 [J]. 上海有色金属,

2009, 30 (3): 134-137.

PENG Z, LI M M. Development of Ohno continuous casting process and its applications for producing single crystalline copper [J]. Shanghai Nonferrous Metals, 2009, 30 (3): 134-137.

[25] 袁静. 水平连铸单晶铜超微细丝制备与组织性能演变研究 [D]. 赣州: 江西理工大学, 2011: 2-9.

YUAN J. Study on preparation and microstructure and properties evolution of single crystal copper ultrafine wire by horizontal continuous casting [D]. Ganzhou: Jiangxi University of Science and Technology, 2011: 2-9.

[26] 王东岭, 苏勇, 陈翌庆, 等. 热型连铸准单晶铜杆的工艺及性能 [J]. 金属功能材料, 2010, 17 (1): 58-61.

WANG D L, SU Y, CHEN Y Q, et al. Technology and properties of quasi-single crystal copper produced by heated mould continuous casting [J]. Metallic Functional Materials, 2010, 17 (1): 58-61.

[27] RAO L, ZHU L B, HU Q Y. Microstructure morphology evolution of single crystal copper rod by ohno continuous casting in copper manufacturing system [J]. Applied Mechanics & Materials, 2012, 252: 360-363.

[28] 许振明, 李金山, 李建国, 等. 连铸铜单晶工艺参数的匹配及其对铸棒表面质量和组织的影响 [J]. 中国有色金属学报, 1999 (S1): 3-5.

XU Z M, LI J S, Li J G, et al. Matching of technological parameters and its effect on surface quality and cast structure of copper singal crystal rod during continuous casting [J]. The Chinese Journal of Nonferrous Metals, 1999 (S1): 3-5.

[29] 张功, 张忠明, 郭学锋, 等. 铜单晶的静拉伸力学性能和变形特性研究 [J]. 铸造技术, 2004 (6): 434-435, 437.

ZHANG G, ZHANG Z M, GUO X F, et al. Research on mechanical properties and characteristics of plastic deformation of continuous casting of single crystal copper wire [J]. Foundry Technology, 2004 (6): 434-435, 437.

[30] 胡锐, 何平, 李金山, 等. 连铸单晶铜的力学性能及断裂特征 [J]. 机械科学与技术, 2005 (6): 716-718.

HU R, HE P, LI J S, et al. Analysis of mechanical properties and fracture characteristic of continuous casting single crystal copper [J]. Mechanical Science and Technology, 2005 (6): 716-718.

[31] 王建, 邢建东, 王德义, 等. 热型连铸单晶 Sn 带材制备工艺及其性能研究 [J]. 稀有金属材料与工程, 2008, 37 (9): 1610-1613.

WANG J, XING J D, WANG D Y, et al. Research on the processing and performance of single crystal tin strips using a heated mould [J]. Rare Metal Materials and Engineering, 2008, 37 (9): 1610-1613.

[32] 刘新华, 金建星, 谢建新. 制备参数对 HCCM 水平连铸纯铜板坯组织与力学性能的影响 [J]. 中国有色金属学报, 2018, 28 (2): 213-222.

LIU X H, JIN J X, XIE J X. Effect of preparation parameters of HCCM horizontal continuous casting on microstructure and properties of pure copper slab [J]. The Chinese Journal of Nonferrous Metals, 2018, 28 (2): 213-222.

[33] 郭保江，周延军，张彦敏，等．连铸速度对 Cu-3.5Ag 合金组织性能的影响 [J]．特种铸造及有色合金，2019，39 (7)：808-812.
GUO B J, ZHOU Y J, ZHANG Y M, et al. Effects of continuous casting speeds on microstructure and properties of Cu-3.5Ag alloy [J]. Special Casting Nonferrous Alloys, 2019, 39 (7): 808-812.

[34] JING D, MING X, SONG W, et al. Characterization of Cu-Ag-Y alloy synthesized by the continuous casting technique [J]. Precious Metals, 2014, 35 (S1): 84-89.

[35] 丁宗富，丁雨田，寇生中，等．热型连铸制备 Cu-Cr 合金的研究 [J]．兰州理工大学学报，2004 (1)：32-34.
DING Z F, DING Y T, KOU S Z, et al. Investigation of preparing Cu-Cr alloy by means of continuous casting with heated mould [J]. Journal of Lanzhou University of Technology, 2004 (1): 32-34.

[36] 黎沃光，陈先朝，余业球，等．热型连铸法制取 CuAlNi 形状记忆合金丝 [J]．功能材料，2000 (6)：605-607.
LI W G, CHEN X C, YE Y Q, et al. CuAlNi shape memory alloy wires cast with heated mold continuous casting process [J]. Jorunal of Functional Materials, 2000 (6): 605-607.

[37] ZHANG X Y, ZHAN H K, KONG X X, et al. Microstructure and properties of Al-0.70Fe-0.24Cu alloy conductor prepared by horizontal continuous casting and subsequent continuous extrusion forming [J]. Transactions of Nonferrous Metals Society of China, 2015, 25 (6): 1763-1769.

[38] 封存利，秦芳莉，介明山，等．拉拔工艺对定向凝固 Cu-Ag 合金导线性能的影响 [J]．特种铸造及有色合金，2015，35 (8)：893-896.
FENG C L, QIN F L, JIE M S, et al. Effects of drawing process on properties of directional solidification Cu-Ag conduct wires [J]. Special Casting Nonferrous Alloys, 2015, 35 (8): 893-896.

[39] 郭保江．热型水平连铸制备高强高导铜银合金组织性能研究 [D]．洛阳：河南科技大学，2020.
GUO B J. Microstructure and properties of Cu Ag alloy with high strength and high conductivity prepared by hot mold horizontal continuous casting [D]. Luoyang: Henan University of Science and Technology, 2020.

3 冷型竖引连铸技术

3.1 冷型竖引连铸工艺特点

热型水平连铸难以控制固—液界面位置刚好在结晶器出口处，连铸工艺控制不当易导致杆坯表面竹节状缺陷，甚至合金液泄漏（见图2-9）。常规冷型竖引连铸熔体过冷度小，固—液界面为深V形（见图2-2（a）），易产生铸造缺陷。因此，开展新型冷型连铸工艺制备高质量合金杆坯的研究，对于保障后续超细超精连续稳定拉拔具有重要意义。

北京科技大学谢建新院士团队开发了真空熔炼+气体保护下拉式连续定向凝固工艺，并制备出具有定向柱状晶特征的Cu-12Al合金线材、B10合金管材等[1,2]。以采用该工艺制备的Cu-12Al（质量分数）合金线材为例[2]，研究发现熔体温度对线材表面质量影响较大，提高熔体温度可以改善线材表面质量；分析了连续定向凝固线材的组织性能，当熔体温度1250℃、下拉速度9mm/min、冷却水量900L/h时，可以连续稳定成型直径6mm、表面较光滑、具有单晶组织的Cu-12Al合金线材。Shen Y、于朝清等人[3,4]分别采用立式定向凝固连铸技术制备了Cu-Ag系列合金；Zhao H M、Liu J B等人[5,6]采用下引冷型连铸技术制备出不同银含量（6wt%、12wt%、24wt%）的Cu-Ag合金棒材。

发明的三室真空冷型竖引连铸装置如图3-1所示[7]，主要特点如下：

（1）三室真空+气氛保护快速转换技术，可实现高真空/气氛条件下连续加料、连续熔炼、连续铸造，大幅降低贵金属元素烧损，保障杆坯连续生产过程中成分一致性。

（2）优化了结晶器和冷却水套结构，研究了熔体温度、连铸速度、冷却水温度对固—液界面形状、位置、柱状晶凝固组织特征的影响规律，其中温度梯度对固—液界面形状的影响如图3-2所示，制备的铜银合金杆坯组织致密均匀、以近似平行于轴向的柱状晶为主（见图3-3）。

图 3-1 三室真空冷型竖引连铸装置

Fig. 3-1 The device of three chamber vacuum cold mould vertical continuous casting

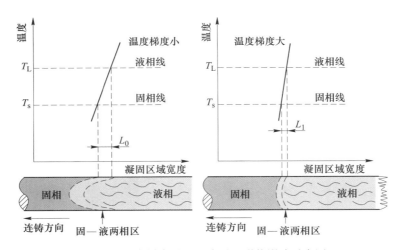

图 3-2 温度梯度对固—液界面形状影响示意图

Fig. 3-2 Influence of temperature gradient on the shape of solid-liquid interface

图 3-3 制备的近似平行于轴向的柱状晶组织

Fig. 3-3 The columnar crystal structure with approximately parallel to the axial direction

3.2　三室真空冷型竖引连铸制备铜银合金杆坯

采用三室真空冷型竖引连铸方法制备了不同 Ag 含量（1wt%、2wt%、4wt% 和 20wt%）的 Cu-Ag 合金杆坯，研究了 Ag 含量和连铸速度对 Cu-Ag 合金铸态杆坯组织和性能的影响，揭示了冷型竖引连铸过程中微观组织演化规律，重点探讨了高 Ag 含量的 Cu-20Ag 合金连铸末端组织异常变化规律。

3.2.1　Ag 含量对杆坯组织性能影响

铜银合金为典型的共晶合金，共晶温度为 779℃，共晶成分为 Cu-71.9%Ag（质量分数，下同）。图 3-4 为 Cu-Ag 合金二元相图。

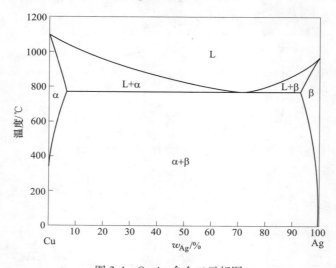

图 3-4　Cu-Ag 合金二元相图

Fig. 3-4　Phase diagram of Cu-Ag binary system

当 Ag 含量小于 0.1% 时，大部分 Ag 以弥散颗粒的形式析出分布在铜基体上，起到沉淀强化作用，不会造成铜晶格过分畸变，对电导率影响较小[8~10]；当 Ag 含量由 0.1% 增加到 1.0% 时，其电导率由 53.94MS/m 降低至 52.20MS/m。同时研究发现，Ag 含量低于 6% 时，Cu-Ag 合金铸态组织由单一富 Cu（α）相构成，几乎没有第二相；当 Ag 含量在 6%~15% 时，Cu-Ag 铸态组织主要由富 Cu 相固溶体（α）和共晶组织（α+β）组成，两相共晶组织离散地分布于枝晶间隙处，形成岛屿状结构。Sakai 等[11]发现 Cu-24%Ag 的铸态显微组织主要由富 Cu 相和网状共晶组织组成，并指出网状共晶体结构是 Cu-Ag 合金强度提高的重要因素。Liu J B、李贵茂等[12~14]发现随着 Ag 含量增加，Cu-Ag 合金共晶纤维束增加、间距变小，合金强度升高；Cu-Ag 合金溶质固溶和析出相增加，析出相和基体间的界面密度升高，电导率降低。

3.2.1.1 Ag 含量对合金杆坯显微组织影响

图 3-5 为不同 Ag 含量的铸态 Cu-Ag 合金杆坯轴向截面显微组织。从图 3-5 中能够看出，试验范围内不同 Ag 含量的 Cu-Ag 合金铸态杆坯，其轴向截面的显微组织均呈现出近似平行于轴向的柱状晶结构。当 Ag 含量为 20％时，轴向的显微组织开始出现明显的网格状共晶组织，分布均匀，且与连铸方向一致整齐排布。

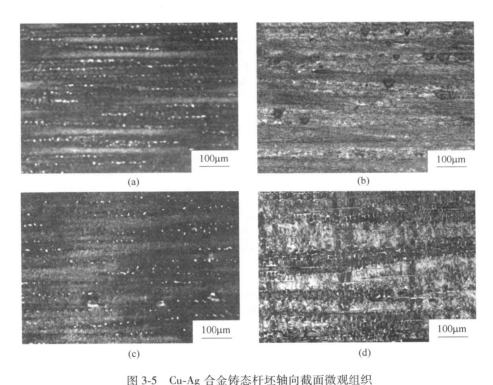

图 3-5　Cu-Ag 合金铸态杆坯轴向截面微观组织

（a）Cu-1Ag；（b）Cu-2Ag；（c）Cu-4Ag；（d）Cu-20Ag

Fig. 3-5　Microstructure of the axial section of Cu-Ag alloy

（a）Cu-1Ag；（b）Cu-2Ag；（c）Cu-4Ag；（d）Cu-20Ag

图 3-6 为不同 Ag 含量的铸态 Cu-Ag 合金杆坯径向截面组织照片。从图 3-6（a）中可以看出，Cu-1Ag 铸态组织基本由初生 α 相构成，未见明显的共晶或微共晶组织；由图 3-6（b）~（d）可以看出，银含量大于 2％时，Cu-Ag 合金铸态杆坯显微组织均由先共晶树枝晶和共晶群体组成，且共晶组织的比例随 Ag 含量的增加而增加。Cu-2Ag 合金显微组织主要由枝晶组成，小共晶团均匀分散在

枝晶臂间；Cu-4Ag 合金显微组织开始显示出扩展的分枝；Cu-20Ag 合金显微组织中出现围绕树突的连续网状结构。Cu-2Ag 合金和 Cu-4Ag 合金铸态杆坯的枝晶臂间距变化不大，而 Cu-20Ag 合金的枝晶臂平均间距略有降低，这是因为在高银含量合金凝固过程中，液固界面前可能存在一个扩展的组织过冷层，这将导致更多的二次枝晶或较小的初生枝晶臂间距。

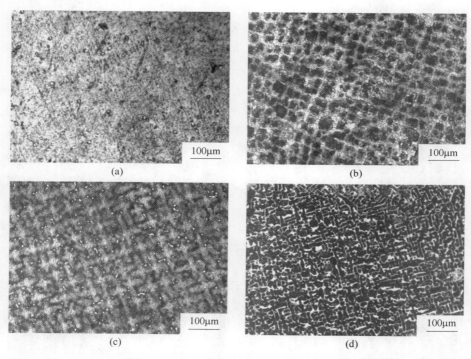

图 3-6　Cu-Ag 合金铸态杆坯径向截面微观组织

（a）Cu-1Ag；（b）Cu-2Ag；（c）Cu-4Ag；（d）Cu-20Ag

Fig. 3-6　Microstructure of the radial section of Cu-Ag alloy

（a）Cu-1Ag；（b）Cu-2Ag；（c）Cu-4Ag；（d）Cu-20Ag

　　为了进一步研究 Ag 元素在 Cu-Ag 合金铸态杆坯中的分布情况，对 Cu-Ag 合金显微组织开展了 SEM 及其 EDS 分析，如图 3-7 所示。图 3-7（a）~（d）为不同含 Ag 量的铸态 Cu-Ag 合金杆坯 SEM 图像，图 3-7（e）为 Cu-1Ag 合金 EDS 线分析结果。可以看出，Ag 粒子在 Cu-Ag 合金铸态杆坯中的分布较为均匀，不存在明显的偏析。Cu-1Ag 合金显微组织中 Ag 粒子的尺寸介于 150~300nm 之间；Cu-2Ag 合金显微组织中 Ag 粒子尺寸介于 300~400nm 之间；随着 Ag 含量的继续升高，Ag 粒子尺寸基本保持不变，但在铜基体中的分布明显增加；Cu-20Ag 合金显微组织中 Ag 粒子的数量最多。

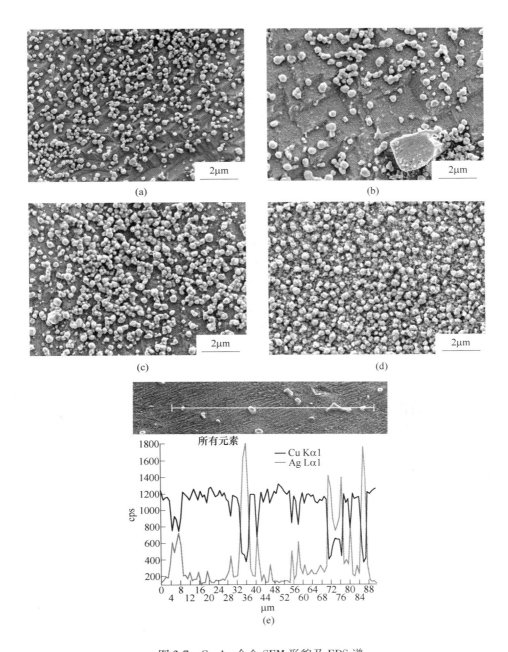

图 3-7　Cu-Ag 合金 SEM 形貌及 EDS 谱

（a）Cu-1Ag；（b）Cu-2Ag；（c）Cu-4Ag；（d）Cu-20Ag；（e）Cu-1Ag 的 EDS

Fig. 3-7　SEM morphology and EDS spectrum of Cu-Ag alloy

（a）Cu-1Ag；（b）Cu-2Ag；（c）Cu-4Ag；（d）Cu-20Ag；（e）EDS of Cu-1Ag

3.2.1.2　Ag 含量对合金杆坯性能影响

图 3-8 为不同 Ag 含量条件下 Cu-Ag 合金铸态杆坯的电导率。结果表明，Cu-Ag合金的导电性能最佳，其电导率为 98.3% IACS。随着 Ag 含量升高，合金导电性能呈现逐渐降低的态势，Cu-20Ag 合金电导率为 79.7% IACS，仍高于国际退火铜标准（60%~70% IACS）。

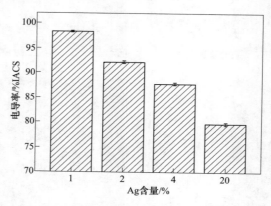

图 3-8　不同 Ag 含量的 Cu-Ag 合金电导率

Fig. 3-8　Electrical conductivity of Cu-Ag alloys with different Ag contents

图 3-9 为不同 Ag 含量条件下 Cu-Ag 合金室温拉伸的工程应力-应变曲线。从图中能够看出，随着 Ag 元素含量升高，合金室温力学性能呈现逐渐升高态势。Cu-Ag 合金抗拉强度为183MPa，Cu-20Ag 合金抗拉强度为 284MPa。由图 3-9 也可以发现，Cu-Ag 合金延伸率随 Ag 含量的增加而逐渐降低，但在试验范围内的 Cu-Ag 合金均呈现出较好的塑性，Cu-20Ag 合金的相对伸长率达 38%。

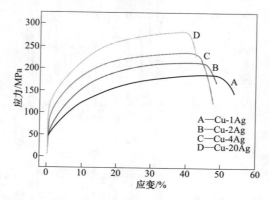

图 3-9　不同 Ag 含量的 Cu-Ag 合金工程应力-应变曲线

Fig. 3-9　Engineering stress-strain curves of Cu-Ag alloys with different Ag contents

图 3-10 为 Cu-Ag 合金室温拉伸后的断口形貌。从图 3-10 （a）、（c）、（e） 和

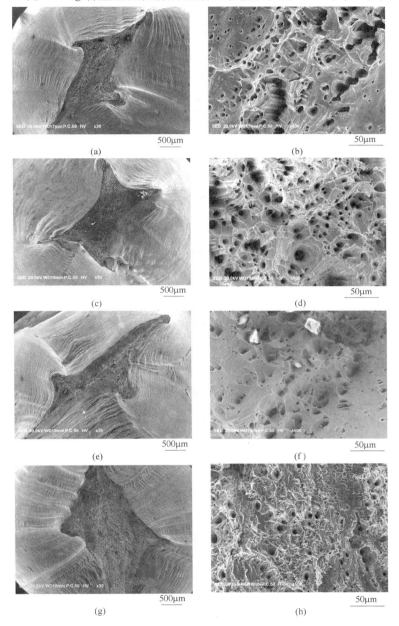

图 3-10　Cu-Ag 合金拉伸断口 SEM 形貌

（a）（b）Cu-1Ag；（c）（d）Cu-2Ag；（e）（f）Cu-4Ag；（g）（h）Cu-20Ag

Fig. 3-10　SEM morphologies of tensile fracture surface of Cu-Ag alloy

（a）（b）Cu-1Ag；（c）（d）Cu-2Ag；（e）（f）Cu-4Ag；（g）（h）Cu-20Ag

（g）中可以看出，整体来看，试样的宏观断口形貌符合典型的单晶铜拉伸断口特征，呈扁尖状。此类特征的形成是因为，在拉应力作用下合金滑移系沿切应力方向滑移所致。同时，试验范围内 Cu-Ag 合金在拉伸过程中延伸性能良好，合金断口微观形貌均呈韧窝状。对比图 3-10（b）和（h）的试验结果可知，Cu-1Ag 合金断口形貌中可以观察到数量较多且深度较深的韧窝；Cu-20Ag 合金断口形貌中的韧窝数量较 Cu-1Ag 合金明显减少，且深度较浅，这也与图 3-9 所示合金的力学性能相一致。Cu-Ag 合金在拉应力作用下的断裂过程可以理解为：微孔洞的形成、长大和聚集导致的裂纹形成与扩展过程，是典型的高能吸收导致塑性断裂过程。

　　不同 Ag 含量条件下 Cu-Ag 合金铸态杆坯性能的改变取决于合金显微组织的变化。Cu-Ag 合金铸态杆坯的显微组织主要由 α-Cu 和 Ag 粒子组成。Ag 颗粒在 Cu 基体中的分布，一方面引起晶格点阵畸变，增大了传输过程中的电子散射几率，进而导致合金电导率降低；另一方面铜基体中弥散分布的 Ag 颗粒可以钉扎位错，增加位错运动的阻力，具有明显的沉淀硬化作用，从而显著改善 Cu-Ag 合金的力学性能。

3.2.2　连铸速度对杆坯组织性能影响

　　连铸速度作为冷型竖引连铸制备合金杆坯的重要工艺参数之一，将直接影响合金杆坯的组织性能和生产效率。本节重点以三室真空冷型竖引连铸制备的高合金含量的 Cu-20Ag 合金杆坯为例，探讨连铸速度对其力学性能、电导率及显微组织的影响。

3.2.2.1　连铸速度对 Cu-20Ag 合金杆坯力学性能及电导率影响

　　图 3-11 和图 3-12 分别为连铸速度对 Cu-20Ag 合金杆坯力学性能和电导率的

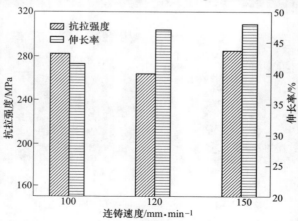

图 3-11　连铸速度对 Cu-20Ag 合金杆坯力学性能的影响

Fig. 3-11　Effect of continuous casting speed on mechanical properties of Cu-20Ag alloy

影响。由图可见，连铸速度在 100~150mm/min 内变化时，合金的强度和电导率变化不明显，而伸长率略有上升。

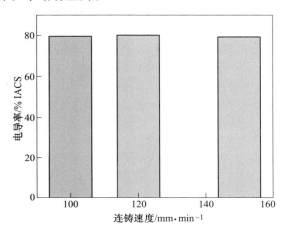

图 3-12　连铸速度对 Cu-20Ag 合金杆坯电导率的影响

Fig. 3-12　Effect of continuous casting speed on electrical conductivity of Cu-20Ag alloy

3.2.2.2　连铸速度对 Cu-20Ag 合金杆坯显微组织的影响

图 3-13 为连铸速度 Cu-20Ag 合金杆坯轴向显微组织的影响。由图 3-13 可见，Cu-20Ag 合金杆坯沿轴向的显微组织均有初生相 α-Cu 和网状的 Cu-Ag 共晶组织构成。由图 3-13（a）、（c）和（e）可见，连铸合金的组织分布较为均匀，且与连铸合金杆坯的轴向保持高度一致。由图 3-13（b）可见，连铸速度为 100mm/min 时，初生相 α-Cu 呈现近似的四边形，尺寸为（8~12）μm×（15~35）μm，其与网格状共晶组织间隔分布；当连铸速度增大为 120mm/min 时，初生相 α-Cu 的形状未见明显变化，但尺寸略有减小（见图 3-13（d））；随着连铸速度的继续增大（150mm/min），初生相 α-Cu 的尺寸继续减小，共晶相的比例略有增加（见图 3-13（f））。这可能是由于连铸速度增大后，连铸过程中 Cu-20Ag 合金杆坯的过冷度增大，导致凝固后产生的亚共晶组织明显增多。

图 3-14 为连铸速度对 Cu-20Ag 合金杆坯径向显微组织的影响。由图可见，Cu-20Ag 合金杆坯径向显微组织主要由初生相 α-Cu 和网格状的共晶组织构成，且网格状的共晶组织未见明显的方向性。同时，随着连铸速度的增大，初生相 α-Cu 的尺寸略有减小，而网格状共晶组织的 Cu-Ag 合金略有增多，这与 Cu-20Ag 合金杆坯轴向显微组织的特点完全一致。

通过研究连铸速度对 Cu-20Ag 合金杆坯的力学性能、电导率及显微组织可见，实验范围内连铸速度对合金杆坯的力学性能影响不明显。因此，在设备允许

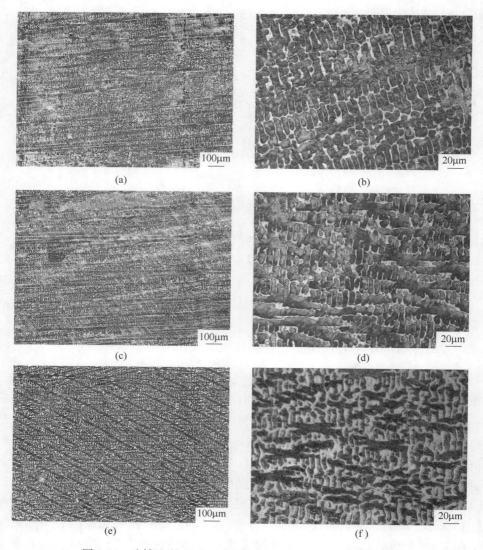

图 3-13　连铸速度对 Cu-20Ag 合金杆坯轴向显微组织的影响

（a）（b）100mm/min；（c）（d）120mm/min；（e）（f）150mm/min

Fig. 3-13　Effect of continuous casting speed on axial microstructure of Cu-20Ag Alloy

（a）（b）100mm/min；（c）（d）120mm/min；（e）（f）150mm/min

范围内，可加大连铸速度，进而提高生产效率。

3.2.3　连铸末端杆坯组织性能异常化研究

对于采用三室真空冷型竖引连铸设制备合金杆坯的过程中，由于连铸末端金

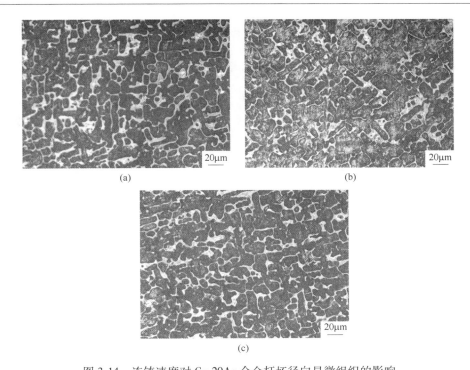

图 3-14　连铸速度对 Cu-20Ag 合金杆坯径向显微组织的影响

（a）100mm/min；（b）120mm/min；（c）150mm/min

Fig. 3-14　Effect of continuous casting speed on radial microstructure of Cu-20Ag Alloy

（a）100mm/min；（b）120mm/min；（c）150mm/min

属的冷却方式及冷却速率不同于正常稳定连铸合金杆坯，极易存在组织、成分偏析等缺陷，而连铸末端杆坯的组织性能异常化对于调整连铸工艺参数、保障连续生产具有重要意义。因此，本节以高银含量 Cu-20Ag 末端材料为研究对象，重点研究了末端组织性能一致性及元素偏析行为，为杆坯生产工艺改进提供理论支撑。

3.2.3.1　连铸末端 Cu-20Ag 合金显微硬度变化

图 3-15 为 Cu-20Ag 合金末端 10mm 内显微硬度变化曲线。由图 3-15 可知，随着远离末端，Cu-20Ag 合金末端显微硬度逐渐上升，在距离末端表面 5mm 处，显微硬度已达到冷型竖引连铸 Cu-20Ag 合金杆坯的正常显微硬度。仔细观察可将 Cu-20Ag 合金显微硬度的变化划分为三个区：Ⅰ区：距离表面 2.5mm 内，显微硬度从末端表面的 $56HV_{0.05}$ 急剧上升至 $82HV_{0.05}$；Ⅱ区：距离表面末端表面 2.5～5mm 内，显微硬度增加速率明显减缓，且略低于连铸合金的显微硬度变化区间；Ⅲ区：距离连铸合金末端大于 5mm 时，其显微硬度趋于平衡，且已达到连铸合

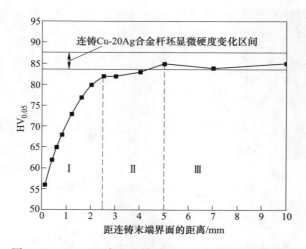

图 3-15　Cu-20Ag 合金末端 10mm 内显微硬度变化曲线

Fig. 3-15　Cu-20Ag alloy end micro-hardness variation curve within 10mm

金杆坯的显微硬度。即 Cu-20Ag 合金采用冷型竖引连铸杆坯时，末端材料性能异常化区间约为 5mm。

　　图 3-16 为 Cu-20Ag 合金杆坯末端的 SEM 图及 EDS 元素分析图。由图 3-16（a）低倍 SEM 图可见，连铸合金杆坯的末端显微组织与合金杆坯的正常显微组织区别不大，但在末端附近存在少量黑色夹杂物缺陷。由图 3-16（b），（d），（f），（h）可见，连铸的 Cu-20Ag 合金杆坯显微组织主要由网状结构的 Cu-Ag 共晶组织+初生相 α-Cu 构成，共晶组织呈现典型的网状结构；随着远离末端表面，单位面积内网状结构的数量逐渐增多，且网的线径变粗，初生相 α-Cu 的尺寸增大。此外，随着远离末端，网状结构与连铸合金杆坯轴线（水平方向）的一致性更加明显。图 3-16（c），（e），（g），（i）分别为图 3-16（b），（d），（f），（h）的面元素 EDS 分析图，由图可见，整个 SEM 选区内主要由铜和银元素构成，且随着远离末端，选区内的银元素含量增加，而铜元素含量降低。这与 SEM 照片中初生相 α-Cu 的尺寸增大和网状共晶显微组织的数量减少结论完全一致。

3.2.3.2　连铸末端 Cu-20Ag 合金显微组织演变规律

　　图 3-17 为 Cu-20Ag 合金近末端区元素 EDS 能谱分析图。由图 3-17 可见，靠近连铸末端，Cu 和 Ag 元素的偏析较为严重，在末端表面处 Ag、Cu 元素的质量分数分别为 17.7% 和 82.3%；而远离末端表面后，Ag 元素的质量分数明显升高，而铜元素的质量分数则下降；当距离末端表面 5mm 处，Ag、Cu 元素的质量分数分别达到了 20.7% 和 79.3%；随着继续远离末端，则 Ag、Cu 元素的质量分数变化基本趋于稳定，且与合金杆坯中银元素的添加量基本吻合。该试验结果与图3-15

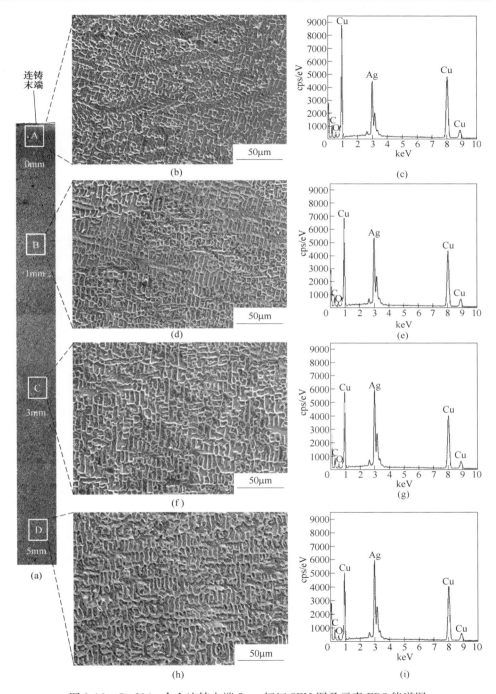

图 3-16　Cu-20Ag 合金连铸末端 5mm 杆坯 SEM 图及元素 EDS 能谱图

Fig. 3-16　SEM and EDS spectra of 5mm rod blank at the end of continuous casting of Cu-20Ag alloy

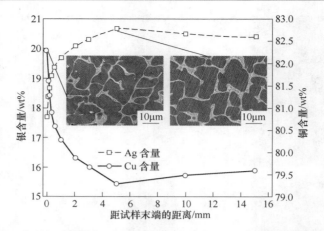

图 3-17　冷型竖引连铸 Cu-20Ag 合金杆坯末端 Ag、Cu 元素含量变化曲线

Fig. 3-17　Variation curve of the content of Ag and Cu elements at the end of cold-type
vertical-lead continuous casting Cu-20Ag alloy bar billet

中靠近连铸杆坯末端距离越近，其显微硬度越低的结论完全一致。同时，由图 3-17 内未腐蚀的 Cu-20Ag 合金显微组织照片可见，成分偏析主要体现在网状共晶组织的宽度发生了明显变化。即采用三室真空冷型竖引连铸制备的 Cu-20Ag 合金杆坯在末端 5mm 的范围内，存在明显的 Ag、Cu 合金成分元素偏析。

图 3-18 为 Cu-20Ag 合金杆坯近末端处共晶体积的变化曲线。由图 3-18 中的 SEM 照片可见，共晶组织为形状为典型的层片状+蜂窝状结构。距离末端 0mm 处，共晶组织的体积比约 13.4%；随着远离末端，共晶组织的比例明显增高；距

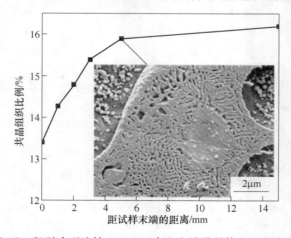

图 3-18　竖引冷型连铸 Cu-20Ag 合金末端共晶体积的变化曲线

Fig. 3-18　Variation curve of end eutectic volume of Cu-20Ag alloy
in vertically cooled continuous casting

离末端 5mm 处，共晶组织的比例增大到 15.9%。随着距末端表面距离的继续增加，共晶组织的比例略有增高，基本维持在 16% 附近。该结论与近末端处的显微硬度变化 Ag 的元素含量变化吻合良好。

图 3-19 为 Cu-20Ag 合金杆坯近末端显微组织初生相 α-Cu 中析出 Ag 颗粒的 SEM 图。末端表面 0mm 处 α-Cu 中银的粒径大多尺寸在 100nm 左右，局部区域存在数量较少的粒径约为 200~250nm 的银颗粒；当距离末端 1mm 时，银颗粒的数量明显减少，而粒径则明显增大，约为 200~300nm 之间；当距离末端 3mm 时，银颗粒的粒径继续增加，约为 250~350nm，数量也明显增多；当距离末端 5mm 处，Ag 颗粒已发生明显的团聚，且数量增多，粒径达到了 250~450nm。由图 3-19 可见，随着远离冷型连铸合金杆坯末端，α-Cu 中析出的 Ag 颗粒数量增多，且粒径增大，这可能是由于液态时末端材料成分中的 Ag 含量明显降低，导致凝固后 α-Cu 中固溶的 Ag 含量降低。该试验结论与近末端处共晶组织的含量较低和 EDS 结果 Ag 含量较少相吻合。

图 3-19　近连铸末端 Cu-20Ag 合金中固溶析出 Ag 颗粒

（a）0mm；（b）1mm；（c）3mm；（d）5mm

Fig. 3-19　Ag particles precipitated from Cu-20Ag alloy near the end of continuous casting

（a）0mm；（b）1mm；（c）3mm；（d）5mm

3.3　本章小结

　　本章首先介绍了热型水平连铸工艺在生产高合金含量铜基杆坯方面的局限性，以及国内在冷型连铸工艺制备铜基/银基合金杆坯方面的研究进展，重点介绍了本团队研究人员在常规冷型竖引连铸基础上发明的三室真空冷型竖引连铸技术，主要由熔化系统、熔体液面跟踪系统、熔体搅拌系统、冷却结晶系统、牵引系统、收线系统组成。该技术的主要特点：

　　（1）发明的三室真空+气氛保护快速转换技术，可实现高真空/气氛条件下连续加料、连续熔炼、连续铸造，大幅降低贵金属元素烧损，保障杆坯连续生产过程中成分一致性。

　　（2）发明的保温隔热装置+冷却水温度精确调控技术，缩短了熔液从坩埚底部到结晶器冷凝区上端的距离，可大幅提高凝固前沿轴向过冷度，固—液界面由深 V 形变为浅凹形，有利于消除凝固组织缺陷。同时，制备的合金杆坯组织以近似平行于轴向的柱状晶为主。

　　然后，针对团队采用三室真空冷型竖引连铸方法制备的不同 Ag 含量（1wt%、2wt%、4wt%和20wt%）的 Cu-Ag 合金杆坯，介绍了 Ag 含量和连铸速度对 Cu-Ag 合金铸态杆坯组织和性能的影响规律：

　　（1）总体上，Ag 含量对 Cu-Ag 合金铸态杆坯组织和性能的影响较连铸速度显著。

　　（2）不同 Ag 含量的 Cu-Ag 合金铸态杆坯，其轴向截面的显微组织均呈现出近似平行于轴向的柱状晶结构，当 Ag 含量为 20%时，轴向组织开始出现明显的网格状共晶组织，分布均匀，且与连铸方向一致。

　　（3）Ag 含量对 Cu-Ag 合金铸态杆坯径向组织的影响表现在：Cu-1Ag 主要由初生 α 相构成，未见明显的共晶或微共晶组织；当银含量大于 2%时，铸态杆坯组织均由先共晶树枝晶和共晶群体组成，且共晶组织的比例随 Ag 含量的增加而增加，其中 Cu-20Ag 合金组织中出现围绕树突的连续网状结构。

　　（4）随着 Ag 含量升高，合金导电性能逐渐降低、抗拉强度升高，Cu-1Ag 合金导电率为 98.3% IACS、抗拉强度为 183MPa，Cu-20Ag 合金导电率为 79.7% IACS、抗拉强度为 284MPa；连铸速度在 100~150mm/min 内变化时，合金的强度和导电率变化不明显，而伸长率略有上升。

　　（5）以高银含量 Cu-20Ag 末端材料为研究对象，重点研究了末端组织性能一致性及元素偏析行为。发现：Cu-20Ag 合金采用冷型竖引连铸杆坯时，末端材料性能异常化区间约为 5mm，在此范围内存在明显的成分元素偏析，随着距末端表面距离的增加，共晶组织比例略有增高，基本维持在 16%附近。

参 考 文 献

［1］谢建新，王宇，黄海友. 连续柱状晶组织铜及铜合金的超延展变形行为与塑性提高机制［J］. 中国有色金属学报，2011，21（10）：2324-2336.

XIE J X, WANG Y, HUANG H Y. Extreme plastic extensibility and ductility improvement mechanisms of continuous columnar-grained copper and copper alloys［J］. The Chinese Journal of Nonferrous Metals, 2011, 21（10）: 2324-2336.

［2］季灯平，刘雪峰，谢建新，等. Cu-12%Al铝青铜线材的连续定向凝固制备［J］. 金属学报，2006，42（12）：1243-1347.

JI D P, LIU X F, XIE J X, et al. Preparation of Cu-12%Al albronze wires by continuous unidirectional solidification［J］. Acta Metallurgica Sinica, 2006, 42（12）: 1243-1347.

［3］SHEN Y, XIE M, BI J, et al. Effects of Different Preparation Techniques on Mechanical Property and Electrical Conductivity of Cu-8wt%Ag Alloy by Continuous Casting［J］. Rare Metal Materials and Engineering, 2016, 45（8）: 1997-2002.

［4］于朝清，尹霜，任小梅，等. Cu-Ag稀合金定向凝固制造技术的研究［J］. 电工材料，2016（2）：10-13.

YU C Q, YI S, REN X M, et al. Study of Cu-Ag directional solidification technology［J］. Electrical Engineering Materials, 2016（2）: 10-13.

［5］ZHAO H M, FU H D, XIE M, et al. Effect of Ag content and drawing strain on microstructure and properties of directionally solidified Cu-Ag alloy［J］. Vacuum, 2018, 154: 190-199.

［6］LIU J B, ZENG Y W, MENG L. Crystal structure and morphology of a rare-earth compound in Cu-12wt%Ag［J］. Journal of Alloysand Compounds, 2009, 468（1）: 73-76.

［7］曹军，吕长春，王福荣，等. 一种竖引式真空熔炼惰性气体保护连续加料连铸机［P］. 中国，CN201410530215.4. 2015-01-28.

CAO J, LV C C, WANG F R, et al. A vertical drawing vacuum melting inert and gas protection continuous feeding continuous casting machine［P］: China, CN201410530215.4. 2015-01-28.

［8］何钦生，邹兴政，李方，等. Cu-Ag合金原位纤维复合材料研究现状［J］. 材料导报A，2018，32（8）：2684-2700.

HE Q S, ZOU X Z, LI F, et al. Research status of Cu-Ag alloy in-situ filamentary composites［J］. Material Report, 2018, 32（8）: 2684-2700.

［9］文姗，常丽丽，尚兴军，等. 铜银合金导线的显微组织与性能［J］. 中国有色金属学报，2015，25（6）：1655-1661.

WEN S, CHANG L L, SHANG X J, et al. Microstructure and properties of Cu-Ag alloy wire［J］. The Chinese Journal of Nonferrous Metals, 2015, 25（6）: 1655-1661.

［10］张晓辉，宁远涛，李永年，等. 凝固速率对Cu-Ag原位纤维复合材料性能的影响［J］. 贵金属，2002（1）：19-25.

ZHANG X H, NING Y T, LI Y N, et al. Influence of solidification rate on properties of Cu-Ag in situ filamentary composites［J］. Precious Metals, 2002（1）: 19-25.

［11］SAKAI Y, INOUE K, ASANO T, et al. Development of high-strength, high-conductivity Cu-

Ag alloys for high-field pulsed magnet use ［J］. Applied Physics Letters, 1991, 59 (23):
2965-2967.

［12］ LIU J B, MENG L, ZENG Y W. Microstructure evolution and properties of Cu-Ag
microcomposites with different Ag content ［J］. Materials Science & Engineering A, 2006,
435 (11): 237-244.

［13］ GUO S L, LIU S P, LIU J C. Investigation on strength, ductility and electrical conductivity of
Cu-4Ag alloy prepared by cryorolling and subsequent annealing process ［J］. Journal of Materials
Engineering and Performance, 2019, 28 (3): 6809-6815.

［14］ 李贵茂, 王恩刚, 张林, 等. 形变原位 Cu-Ag 复合材料的研究进展 ［J］. 材料导报,
2010, 24 (3): 80-84.
LI G M, WANG E G, ZHANG L, et al. Research development of deformed processed Cu-Ag
situ composites ［J］. Materials Review, 2010, 24 (3): 80-84.

4 丝线材连续拉拔技术

4.1 丝线材拉拔工艺概述

采用热型水平连铸和冷型竖引连铸制备的丝线材杆坯，需要进行粗拉、中拉、微拉等多道次连续拉拔，由于微细丝线径细、技术指标要求高，从杆坯（8~16mm）到成品（≤0.02mm）拉制工艺流程长，涉及坯料、模具、张力控制、润滑等，杆坯杂质元素偏聚、表面和内部缺陷，以及拉拔力、变形量、拉丝速度等工艺参量均有可能造成拉制过程出现表面缺陷甚至断线。与常规杆坯拉拔相比，微细丝线材要实现连续稳定拉拔，面临以下难题：拉拔过程丝线材处于高速变形，在此条件下的材料本构关系发生变化，尚不明晰；由于微细丝线材直径细小、加工硬化严重，拉拔过程存在明显的尺寸效应。同时，拉拔工艺流程道次多、影响因素复杂，实现超细连续精确拉拔工艺参数调控困难。因此，对于微细丝线材拉拔工序的研究主要集中在超细超精稳定连续拉拔过程理论判据构建、拉拔工艺参数对微细丝线材组织性能影响等方面。

4.1.1 单丝拉拔法

单丝拉拔采用多模具连续拉拔，其工作原理如图 4-1 所示。在外力作用下使金属丝强行通过模具，金属横截面积被压缩，并获得所要求的横截面形状和尺寸。采用单丝拉拔法可以加工多种材料，生产的丝径范围很宽，形状均匀，表面光洁，是高精度细丝产品的主要生产方法[1,2]。

4.1.2 集束拉拔法

集束拉拔法是把几十甚至上万根金属丝包在圆管里，经过多级拉丝模进行拉拔，多根丝同时减径，待拉到所需的直径时剥去包覆管，把芯丝分离开来，其工作示意图如图 4-2 所示。这种方法效率高，拉拔前应依据不同组分、不同细丝的尺寸要求，进行前处理，选择不同的隔离剂和分散剂，并注意每次拉拔的压缩率要适当，以保证芯丝最终分离开。集束拉拔法生产工艺复杂，细丝形状不一致，均匀性和精度较差，并对细丝长度也有一定限制[3]。

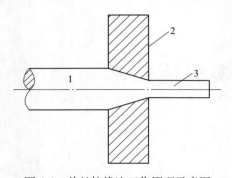
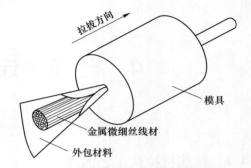

图 4-1　单丝拉拔法工作原理示意图

1—金属丝杆坯；2—拉拔模具；3—金属微细丝

Fig. 4-1　Schematic diagram of single fiber drawing

1—Metal wire feedstock；2—Drawing die；

3—Ultra-fine wire

图 4-2　集束拉拔法工作原理示意图

Fig. 4-2　Schematic diagram of bundle-drawing

4.1.3　熔抽法

熔抽法又称熔融纺丝法，是从液态金属中直接生产金属极细丝的方法。基本原理是将金属加热到熔融状态，再通过一定的装置将熔液喷出或甩出而形成金属细丝，这种方法的关键技术在于稳定金属液流和加快其凝固，如图 4-3 所示。

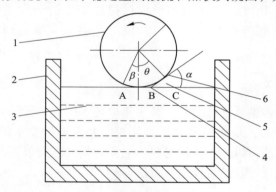

图 4-3　熔抽法工作原理示意图

1—熔抽轮；2—感应炉；3—金属液；4—凝固壳；5—金属液凸出部分；6—金属微细丝

Fig. 4-3　Schematic diagram of melting spinning method

1—Melt pump wheel；2—Induction furnace；3—Liquid metal；4—Coagulating shell；

5—Liquid metal bulge；6—Ultra-fine wire

4.1.4　超声波拉拔法

超声波拉拔与超声波清洗、超声波焊接、超声波探伤和超声波测距等一样，是超声波技术在工业中的一种应用。超声波拉丝是在传统拉丝工艺的基础上，工件以一定速度通过拉丝模具，在拉丝模具上施加振动频率、方向和振幅可调的超声波振动，以获得超声波振动对金属材料的作用效果。目前，超声波拉拔工艺多用来拉拔难拉的金属丝，用于大规模生产的铜、铝和钢丝的拉拔尚待开发[4,5]。

超声波拉拔有两种方式：（1）把拉丝模和金属丝都浸泡在拉丝的润滑冷却液中，对此液体施加振动；（2）拉丝模和金属丝都处于空气中，在拉丝过程中对它们施加振动。前者振动的能量通过液体介质传递到变形区，中间损失很大。然而，加振的液体排除了堆集并堵塞于模口的黏胶状物（由金属丝表面脱落的金属灰和润滑液混合而成的），新鲜而清洁的润滑液能顺利进入变形区，有利于润滑和金属丝表面光洁。因此，这种形式是超声波拉拔和超声波清洗的共同作用。后一种形式的特点是变形区能量集中、振动效率高，是通常使用的方式。

超声波拉拔的优点是可以降低拉拔力，由此可使拉拔断线率降低，道次变形量增大，拉拔道次减少，模孔的磨损减小，从而提高拉拔模具寿命，减少金属丝的不均匀变形和黏结现象，改善金属丝的性能和表面质量，总之可提高金属的可拉拔性。而拉拔力的降低量随拉丝速度的提高而减小，随对拉丝模振动功率的增大（振幅增大和频率增大）而增大，另外随拉丝模与拉丝卷筒间距的变化而周期性地变化。

超声波拉拔的局限性：只在低速拉丝时拉拔力才明显降低，生产效率较低；消耗的振动能大于节约的拉拔能；存在刺耳的噪声；增加了操作的复杂性。

4.2　丝线材连续拉拔变形规律

微细丝线材拉拔的应力状态为径向压应力和轴向拉应力，它与三向都是压缩应力的主应力状态相比，被拉拔的金属微细丝较易达到塑性变形状态。微细丝线材拉拔的变形状态为沿丝线材径向压缩变形和沿轴向拉伸变形，该状态容易产生和暴露表面缺陷。因此，微细丝线材拉拔过程的道次变形量受到限制，道次变形量越小，则拉拔道次越多，实现超细超精稳定的微细丝线材拉拔生产则需要采用多道次连续高速拉拔。

4.2.1　高速应变本构关系

微细丝拉拔生产中，从直径为 8mm 或 16mm 的杆坯拉拔到直径为 0.02mm 以下的微细丝线材，道次应变速率最高达 $10^5/s$。在高应变速率（$10^3 \sim 10^5/s$）下丝线材内部组织发生强化，探明高应变速率下材料的动态力学响应、微观结构演化以及材料损伤与破坏是微细丝线材拉拔工艺研究和开发必须要解决的基础理论问题[6,7]。

目前，John-Cook 模型是综合考虑大应变、高塑性应变速率和高温温度影响的本构关系模型，常用来构建高应变速率下金属材料的动态冲击性能[8~10]。基于 John-Cook 模型和霍普金森压杆试验，国内多位学者建立了多种金属材料的动态力学本构关系模型[11~14]。针对铜或铜合金，吴尚霖[15]、马继山[16]建立了T2细晶铜和QCr0.8铜合金动态力学本构关系，但以上基于John-Cook模型建立的动态力学本构关系通常只考虑屈服时的应变速率，对后继屈服阶段应力对高应变速率的敏感度研究还不够。

　　本团队基于微细丝线材拉拔用无氧铜霍普金森压杆冲击试验，分析了高应变速率状态下后继屈服应力与应变关系，建立了修正的高应变速率John-Cook本构关系模型；分析了高应变速率下材料微观组织和动态力学行为的形成机制，以期为后续微细丝拉拔工艺优化和微观组织调控提供理论支撑。

4.2.1.1　准静态单向压缩试验及本构关系模型

　　John-Cook本构关系模型的建立首先基于准静态单向压缩确定模型的第一部分，为了得到微细丝拉拔的John-Cook本构关系模型，首先进行室温下准静态力学性能试验。实验材料采用冷型竖引连铸法制备的无氧铜杆，直径为8mm，状态为铸态。采用10kN电子万能试验机进行单向压缩试验，变形过程应变速率取$0.01s^{-1}$，得到材料在室温下的应力应变数据，根据所得数据绘制该材料的真应力-应变曲线如图4-4所示。从图中可以得到铜的屈服强度约为75MPa，抗压强度取应变为0.5时强度平均值，为296MPa。

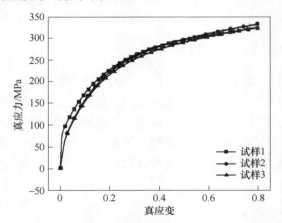

图4-4　微细丝拉拔用无氧铜准静态真实应力-应变关系

Fig. 4-4　Quasi-static true stress-strain relationship of oxygen free
copper used inmicrowire production

　　准静态真应力-应变关系一般表达为：

$$\sigma = A + B\varepsilon^{n} \tag{4-1}$$

式中，ε为真塑性应变；常数A为材料的屈服强度；常数B和应变敏感指数n与准静态下后继屈服行为有关，由准静态下的单向压缩试验数计算。为求得常数B

和应变敏感指数 n，对式（4-1）求对数为：

$$\ln(\sigma - A) = \ln B + n\ln\varepsilon \tag{4-2}$$

式（4-2）为线性关系模型，对准静态常温真实应力应变关系进行线性拟合，得斜率 $n = 0.585$，截距 $\ln B$ 为 5.966，常数 $B = \mathrm{e}^{5.966} = 389.96\mathrm{MPa}$，则准静态应变速率下微细丝拉拔用无氧铜本构关系模型为：

$$\sigma = 75 + 389.96\varepsilon^{0.585} \tag{4-3}$$

4.2.1.2 高应变速率下本构关系模型

采用分离式霍普金森压杆试验装置对微细丝拉拔用无氧铜的动态力学性能进行测试。实验材料采用冷型竖引连铸法制备的无氧铜杆，直径为 8mm，状态为铸态，加工成试样尺寸为 $\phi5\mathrm{mm} \times 5\mathrm{mm}$。选取的应变速率分别为 $500\mathrm{s}^{-1}$、$2000\mathrm{s}^{-1}$、$3500\mathrm{s}^{-1}$、$5000\mathrm{s}^{-1}$，每种应变速率试样数量 5 件。

图 4-5 为微细丝拉拔用无氧铜在常温下不同应变速率时的真实应力-应变曲线。由图 4-5 可知，微细丝拉拔用无氧铜在高应变速率下的真应力明显大于准静态变形时，当应变速率增大为 $5000\mathrm{s}^{-1}$、真应变 $\varepsilon = 0.1$ 时，真应力为 560MPa，而由图 4-4 可知准静态低应变速率下真应变 $\varepsilon = 0.1$ 时真应力仅为 174MPa，高应变速率下真应力增加了 2.21 倍，表明存在很强的应变速率强化效应。

但比较不同高应变速率变形条件下（$500\mathrm{s}^{-1}$、$2000\mathrm{s}^{-1}$、$3500\mathrm{s}^{-1}$ 和 $5000\mathrm{s}^{-1}$）的 4 条曲线（见图 4-6）可以发现：在不同的高应变速率条件下，微细丝拉拔用无氧铜的应力-应变关系曲线并没有明显的变化，即在相同应变下的流动应力基本相同，在高应变速率区域内表现出对应变速率的不敏感。

不同高应变速率下微细丝拉拔用无氧铜的微观组织如图 4-7 所示。比较晶粒大小发现，相较于变形前（见图 4-7（a）），应变速率为 $500\mathrm{s}^{-1}$ 条件下，晶粒大小没有明显变化（见图 4-7（b））；当应变速率增大到 $3500\mathrm{s}^{-1}$ 时，晶粒在试样发生变形后有明显增大，并孪晶组织出现（见图 4-7（c））；应变速率增大到 $5000\mathrm{s}^{-1}$，存在大量孪晶组织（见图 4-7（d））。随着应变速率增加，材料能达到的最大应变增加，塑性变形功增加，高应变速率压缩变形造成大量的位错运动，并迅速塞积，储存了大量的能量并在变形后驱动晶粒生长。

考虑高应变速率、忽略温度影响的 John-Cook 本构关系模型为：

$$\sigma = (A + B\varepsilon^n)\left(1 + C\ln\frac{\dot{\varepsilon}}{\dot{\varepsilon}_0}\right) \tag{4-4}$$

式中，$\left(1 + C\ln\dfrac{\dot{\varepsilon}}{\dot{\varepsilon}_0}\right)$ 部分是根据应变速率大小对准静态本构关系模型的修正；$\dot{\varepsilon}$ 为试验中实际应变速率；$\dot{\varepsilon}_0$ 是材料在准静态试验条件下应变速率，对准静态试验应变速率进行核算，应变速率为 $0.0167\mathrm{s}^{-1}$。

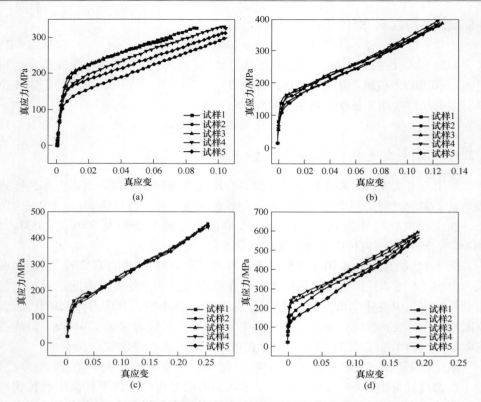

图 4-5　不同高应变速率下微细丝拉拔用无氧铜应力-应变关系

(a) 500s^{-1}；(b) 2000s^{-1}；(c) 3500s^{-1}；(d) 5000s^{-1}

Fig. 4-5　Stress-strain relationship of oxygen free cooper used for microwire

production at different high strain rates

(a) 500s^{-1}；(b) 2000s^{-1}；(c) 3500s^{-1}；(d) 5000s^{-1}

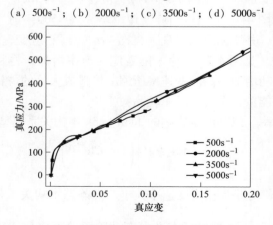

图 4-6　不同高应变速率下应力和应变

Fig. 4-6　Stress and strain at different high strain rates

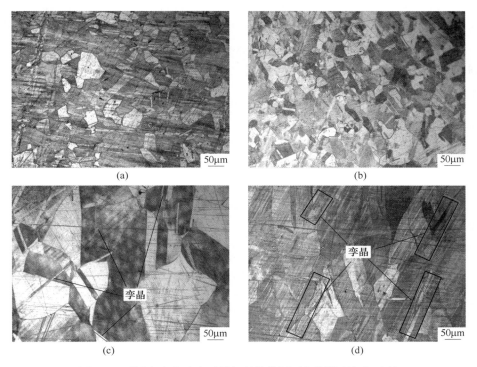

图 4-7　不同高应变速率下微细丝拉拔用无氧铜微观组织比较

（a）变形前；（b）500s^{-1}；（c）3500s^{-1}；（d）5000s^{-1}

Fig. 4-7　Comparison of microstructure of oxygen free copper used in microwire production
at different high strain rates

（a）Before deformation；（b）500s^{-1}；（c）3500s^{-1}；（d）5000s^{-1}

为拟合得到式（4-4）中的常数 C，把式（4-4）简化为应变为 0 的情况，即发生屈服时的情况，则式（4-4）简化为：

$$\sigma = \overline{A}\left(1 + C\ln\frac{\dot{\varepsilon}}{\dot{\varepsilon}_0}\right) \tag{4-5}$$

其中，$\overline{A}$ 为高应变速率下屈服强度，把霍普金森杆试验结果代入式（4-5），可以获得不同应变速率下 C 值。经计算，应变速率为 5000s^{-1} 时 C 为 0.0917。微细丝拉拔用无氧铜本构关系模型为：

$$\sigma = (75 + 389.96\varepsilon^{0.583})(1 + 0.0917\ln\dot{\varepsilon}^*) \tag{4-6}$$

式中，$\ln\dot{\varepsilon}^* = \ln(\dot{\varepsilon}/\dot{\varepsilon}_0)$。

从图 4-8 可以看出，在应变速率为 5000s^{-1} 的试验条件下，由 John-Cook 本构关系模型得到的预测值与试验值在较小的应变时比较接近，且预测值大于试验值；但应变量增大到 0.15 时，拟合值趋向于低于试验值，且两者差值越来越大；

应变增至 0.21 时，试验值为 611MPa，拟合值为 479MPa，相差达 132MPa，误差 22%。经过核算，在整个后继屈服阶段，John-Cook 本构关系模型拟合应力和实测真应力之间的平均相对误差为 11.83%。利用其他高应变速率（如 500s^{-1}、2000s^{-1}、3500s^{-1}）获得类似的拟合结果，即拟合的准确度在应变继续增加的情况下趋于恶化。

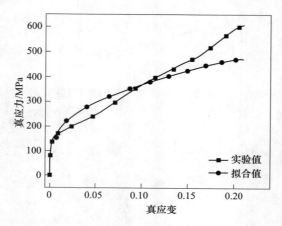

图 4-8　应变速率为 5000s^{-1} 应力-应变关系

Fig. 4-8　Stress-strain relationship with a strain rate of 5000s^{-1}

4.2.1.3　基于瞬时应变速率的本构关系模型修正

观察式（4-6）John-Cook 本构关系模型中的常数 C 的定义方法发现，如果把常数 C 定义为常数，在应变速率不变的情况下，应变速率对准静态本构关系模型的修正部分就表现为常数，则高应变速率的应力-应变关系就与准静态应力-应变关系趋势相同。但比较图 4-4 和图 4-5 表明，高应变速率下和准静态应变速率下的应力-应变关系趋势并不相同。在高应变速率应力-应变关系曲线中，脱离弹性阶段进入后继屈服阶段后，应力-应变关系更接近线性关系。

把式（4-5）中屈服强度定义为随应变变化的后继屈服强度，则常数 C 为随应变速率、应变量变化的变量，可由下式求得：

$$C(\varepsilon, \dot{\varepsilon}) = \left[\frac{\sigma}{(A + B\varepsilon^n)} - 1 \right] \Big/ \ln \frac{\dot{\varepsilon}}{\dot{\varepsilon}_0} \tag{4-7}$$

同样采用应变速率为 5000s^{-1} 的霍普金森压杆试验数据，可计算系数 C，并绘制系数 C 与应变的关系如图 4-9 所示。系数 C 与应变在离开弹性变形阶段进入后继屈服变形阶段后，系数 C 与应变表现出高度相关性，相关系数 R 高达 0.993，并与应变量成明显的线性关系。采用线性关系拟合应变与应变速率敏感系数 C 的

关系式为:

$$C(\varepsilon) = 0.03785 + 0.46574\varepsilon \tag{4-8}$$

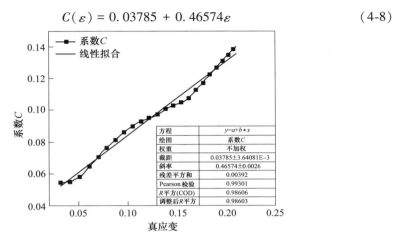

图 4-9 系数 C 随应变的变化

Fig. 4-9 Variation of parameter C with strain

把式（4-8）代替式（4-6）中的常数 0.0917，得修正后的微细丝拉拔用无氧铜在高应变速率下 John-Cook 本构关系模型，即式（4-9）。

$$\sigma = (75 + 389.96\varepsilon^{0.583})[1 + (0.03785 + 0.46574\varepsilon)\ln\dot{\varepsilon}^*] \tag{4-9}$$

经修正后的 John-Cook 本构关系模型表现出与试验值非常好的吻合度，如图 4-10 所示，其中，实线为试验测试值，虚线为修正后 John-Cook 本构关系模型预测值。在应变速率为 5000s^{-1} 的试验条件下，同样取应变为 0.21，采用修正后的 John-Cook 本构关系模型预测真应力为 591MPa，与试验结果相差仅为 20MPa，与修正前与试验值相差 132MPa 比较差了一个数量级。在整个后继屈服阶段，修正后的 John-Cook 本构关系模型拟合真应力和实测真应力之间的平均相对误差仅为

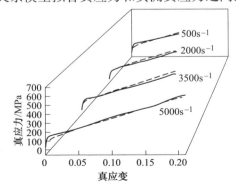

图 4-10 John-Cook 修正模型与试验值比较

Fig. 4-10 Comparison of John-Cook modified model and experimental values

4.49%，误差远小于修正之前的 11.83%。

应用式（4-9）对试验中应用到的其他高应变速率（如 500s^{-1}、2000s^{-1}、3500s^{-1}）下真应力进行预测，与试验值比较同样获得很高的吻合度，如图 4-10 所示。经修正后的 John-Cook 本构关系模型相比于修正前，预测精度获得明显的提高。修正后的 John-Cook 本构关系模型数据与试验值吻合良好，因此，建立的高应变速率下无氧铜本构关系为微细丝高速拉拔过程的数值模拟提供了基础数据和理论依据。

4.2.2　尺寸效应

尺寸效应是指当一个材料的尺寸减小至一定程度，其性能发生突变的效应。在微细丝线材拉拔中，不同直径的微细丝线材在拉拔过程中表现为差异明显的强度，如图 4-11 所示。

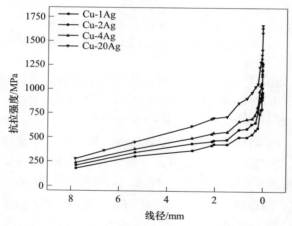

图 4-11　铜银合金抗拉强度随线径的变化

Fig. 4-11　Variation of tensile strength of Cu-Ag alloy with linear diameter

由图 4-11 可知：不同银含量的 Cu-Ag 合金丝线材在拉拔过程中的不同阶段，同样表现出明显的强度差异。以 Cu-1Ag 合金为例，直径为 7.8mm 的 Cu-1Ag 合金铸态杆坯抗拉强度为 183MPa，从线径 7.8mm 拉拔到 0.998mm 时，抗拉强度缓慢增加到 508MPa，平均增幅为 47.7MPa/mm；当拉拔线径小于 1mm 时，合金抗拉强度随着线径的减小迅速增加，线径从 0.998mm 减小到 0.02mm 时，抗拉强度从 508MPa 迅速增加到 974MPa，平均增幅为 476.5MPa/mm，此时线径的变化显著影响合金的抗拉强度，表现出明显的尺寸效应。因此，在 Cu-Ag 合金微细丝拉拔生产过程中，当 Cu-Ag 合金细丝直径小于 1mm 后，尺寸效应是一个不可忽略的重要问题。因此，本书基于尺寸效应建立了神经网络模型，用来预测 Cu-Ag 合金的抗拉强度随线径的变化趋势，用于指导微细丝线材连续拉拔工艺的制订。

BP（Back Propagation）是一种误差反向传播的多层前馈神经网络，它包含输入层、隐含层和输出层，其最大特点就是存在误差反向传播功能，是一种比较成熟的人工神经网络[17]。BP 算法建立在梯度下降法的基础上，实现输入输出间高度非线性映射关系。Werbos 最早阐述 BP 算法[18]，Hinton 和 David E. Rumelhart 等人[19]应用于神经网络进行机器学习。粒子群优化算法（PSO）利用群体中的个体对信息的共享使整个群体的运动在问题求解空间中产生从无序到有序的演化过程，从而获得最优解[20]。粒子群优化（PSO）算法和反向传播（BP）神经网络两种算法在信息处理领域已经获得广泛的应用[21~24]。

本小节以铜银合金为丝线材为例，基于不同道次的拉拔实验，获得了不同线径和不同银含量下的铜银合金微细丝线材的强度数据，构建了考虑尺寸效应的 BP 和 PSO-BP 神经网络，用来预测 Cu-Ag 合金微细丝线材抗拉强度随线径的变化趋势，以期对铜银合金微细丝线材拉拔工艺的制定提供数据支撑。

通过对 Cu-Ag 合金抗拉强度影响因素的分析，确定 BP 人工神经网络的输入参数为线径和银含量，输出参数为抗拉强度。首先将实验得到的 285 组数据样本分为训练、验证与测试样本，分别占总的样本数据数的 70%、15% 与 15%。其中，训练样本用来进行神经网络的训练，验证样本主要用来分析神经网络的准确度，测试样本则主要用来测试 BP 人工神经网络模型的适用性。然后对样本数据进行预处理工作，预处理使用 mapminmax 函数[25]，使样本数据归一化。

图 4-12 为 Cu-Ag 合金 BP 神经元网络抗拉强度预测模型训练结果。从图中看出，模型训练至 62 次时验证样本数据均方差（MSE）达到最小值，当神经元网络迭代次数继续增加时，模型验证样本数据的均方差不再减小，val fail 值在逐渐增大，当 val fail 值达到预先设定的值 20 时，验证样本数据均方差经过 20 次迭代而不下降，此时达到设定的停止训练条件，训练结束。从图 4-12（b）可以得到 Cu-Ag 合金神经元网络模型的梯度值较小为 0.0024401，表明 Cu-Ag 合金神经元

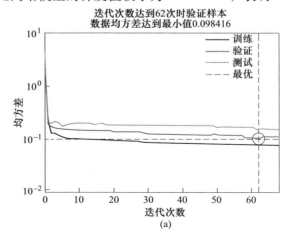

(a)

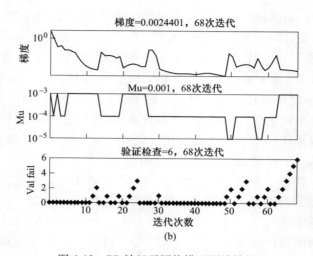

(b)

图 4-12 BP 神经元网络模型训练结果

Fig. 4-12 Training results of BP neural network model

网络模型中的权值和阈值变化较小，神经元网络很稳定。虽然在第 25 次和第 50 次迭代过程中 Cu-Ag 合金验证样本数据的均方差出现增大现象，但随着迭代过程的继续进行，Cu-Ag 合金验证数据样本的均方差继续下降，直至迭代次数为 68 次时，验证样本数据的均方差达到最小值，说明 Cu-Ag 合金样本数据训练过程中并没有出现过多的局部最优现象，神经元网络模型较为合理稳定。

图 4-13 为对 BP 人工神经网络模型训练样本数据进行回归分析的结果。可得：训练、验证、测试样本数据和总样本数据的相关系数 R 分别为 0.78225、0.8046、0.83251、0.79425，相关系数 R 都较高，说明神经网络输入样本数据（线径和银含量）和网络输出样本数据（抗拉强度）具有较好的相关性。表 4-1 为神经网络模型测试样本数据中提取的 6 个拉拔道次实测数据和模型计算得到的抗拉强度数据绝对误差率，从表中可以看出，抗拉强度最大绝对误差率为 9.8%，

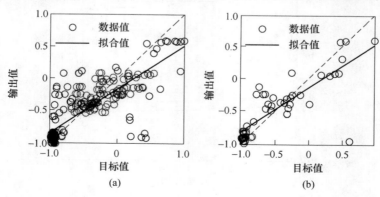

(a)   (b)

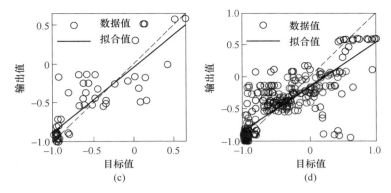

图 4-13　BP 人工神经网络模型训练的回归分析相关系数

（a）训练样本；（b）验证样本；（c）测试样本；（d）总样本

Fig. 4-13　Correlation coefficient of regression analysis of

BP artificial neural network model training

（a）Training sample；（b）Verification sample；（c）Test sample；（d）Total sample

最小绝对误差率为 1.1%，绝对误差率均在 10% 以内。因此，建立的 BP 人工神经网络模型的能够预测抗拉强度的变化。

表 4-1　BP 网络计算抗拉强度和实测抗拉强度绝对误差率

Table 4-1　Absolute Percentage error of calculated tensile strength and

measured tensile strength by BP network

道次数	1	2	3	4	5	6
计算值/MPa	492	555	612	828	894	1652
实测值/MPa	448	590	619	799	990	1592
绝对误差率/%	9.8	5.9	1.1	3.6	9.7	3.8

用于 PSO-BP 神经网络训练的样本数据为 Cu-Ag 合金微细丝线材抗拉强度实验得到的 285 组样本数据，输入参数为线径和银含量，输出参数为抗拉强度。根据 BP-PSO 神经网络的算法流程和参数设置，利用 MATLAB 编程进行神经网络的模拟仿真训练[26]。

图 4-14 为 PSO-BP 人工神经网络模拟训练的回归分析结果。从图 4-14 中不难看出：神经网络训练的 Cu-Ag 合金样本数据的相关系数 R 为 0.90786，明显高于 BP 人工神经网络的样本数据的相关系数 0.79425，说明基于 PSO-BP 人工神经网络模型的训练效果明显好于 BP 人工神经网络模型的训练效果，PSO-BP 人工神经网络中输入参数的线径与输出参数抗拉强度具有更强的相关性，进一步验证了尺寸效应。

表 4-2 为基于 PSO-BP 人工神经网络模型测试样本数据中提取的 6 个线径所

对应的抗拉强度数据和模型计算得到的抗拉强度数据的绝对误差率。从表 4-2 可以看出：实测与模型计算抗拉强度的最大绝对误差率为 3.3%，最小绝对误差率为 0.07%，绝对误差率都在 5% 以内；而 BP 模型最大相对误差为 9.8%，最小绝对误差率为 1.1%。两模型相比较，得出基于 PSO-BP 人工神经元网络抗拉强度模型预测的 Cu-Ag 合金抗拉强度更为准确。

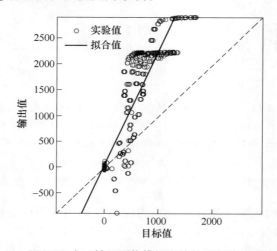

图 4-14　PSO-BP 人工神经网络模拟训练的回归分析相关系数

Fig. 4-14　Correlation coefficient of regression analysis of PSO-BP
artificial neural network simulation training

表 4-2　PSO-BP 网络计算抗拉强度和实测抗拉强度绝对误差率

Table 4-2　Absolute percentage errors of calculated tensile strength and
measured tensile strength by PSO-BP network

线径/mm	2.125	1.493	0.667	0.204	0.088	0.022
计算值/MPa	342	360	429	500	696	1240
实测值/MPa	351	366	429	510	720	1207
绝对误差率/%	2.6	1.6	0	2	3.3	2.7

4.3　拉拔工艺参数对丝线材组织性能影响

　　影响微细丝线材拉拔态组织性能的因素包括：铸态杆坯质量，与杆坯连铸工艺相关；拉拔道次、变形量、微细丝线材线径等，与拉拔工艺参数相关；入模角、定径区长度、出模角、润滑等，与模具结构参数相关。目前，国内外研究人员对纯铜、Cu-Ag 合金杆坯状态、拉拔工艺参数、模具结构等耦合因素对微细丝线材力学性能、导电性能和微观组织的影响开展了系统研究。

Sakai 等人[27,28]指出低 Ag 含量时合金的抗拉强度增加明显，且合金电导率较高。刘嘉斌等[29,30]研究了不同 Ag 含量 Cu-Ag 微相复合材料的微观组织演化及性能，研究发现，随着 Ag 含量增高，共晶纤维束增多并呈连续网状分布时，高 Ag 含量对电导率的损害程度高于对强度的贡献；随着变形量的增加，合金抗拉强度增大，而电导率降低；Cu-24Ag 合金共晶组织形态比共晶组织体积分数对合金的强度和电导率的影响大。宁远涛等[31]采用大变形法制备了 Cu-10Ag 原位纳米纤维复合材料，研究表明该方法制备的铜银合金材料抗拉强度达到 1190MPa，电导率为 68.7%IACS。Zuo、Zhao 等[32,33]研究了在强磁场下凝固后再进行冷拔 Cu-28Ag 复合材料的微观组织和性能，研究表明，电磁场凝固得到的铜银合金复合材料因细化了 Ag 共晶组织间距，强度明显提高。

王青等[34]通过多道次连续拉拔变形试验，对比研究了 Cu-0.88Cr 合金和纯铜拉拔过程中抗拉强度和伸长率的变化规律，揭示了第二相对铜合金组织和性能的影响。结果表明：Cu-0.88Cr 合金抗拉强度随着变形量的增大呈现先升高后降低的趋势，当应变为 0.7 时，抗拉强度达到最大值 475MPa。未变形时，第二相与铜基体界面关系为共格界面；随着变形量的增大，第二相与基体的界面关系由共格界面向非共格界面发生转变，从而导致 Cu-0.88Cr 合金的抗拉强度在应变大于 0.7 时呈下降趋势。张雷等[35~37]研究了纤维相强化、合金元素对 Cu-Ag 合金组织、力学性能和电学性能的影响。研究表明，当共晶纤维束间距大于 150nm 时，抗拉强度随共晶纤维束间距的变化类似于 Hall-Petch 关系，强化效应与位错塞积机制有关；当共晶纤维束间距小于 150nm 时，合金强化速率降低并偏离 Hall-Pecth 关系，强化效应可认为与界面障碍机制有关。较低 Ag 含量合金铸态组织中仅有少量第二相分布于铜枝晶间隙且经冷拔后纤维组织排列松散，而高 Ag 含量合金组织中第二相则以网状连续共晶层形式存在，经冷拔后纤维排列平直细密。同时，其研究发现 Cu-6Ag 合金和 Cu-12Ag 合金在应变 $\varepsilon < 7.5$ 时，其电导率和强度相当。

封存利等[38]通过多道次冷拉拔工艺将水平连续定向凝固法制备的不同 Ag 含量 $\phi16mm$ Cu-Ag 合金杆坯拉拔成 $\phi0.12mm$ 微细丝线材，研究了 Ag 含量和拉拔变形量对 Cu-Ag 抗拉强度、伸长率与电导率的影响规律。研究结果表明，随着拉拔变形量的增加，定向凝固形成的柱状晶与部分粒径较大的析出 Ag 粒子被拉拔成紧密排列的纤维组织，显著提升合金抗拉强度，而伸长率和电导率下降，制备的 Cu-1Ag 合金微细丝线材电导率达 58.0MS/m（电导率 100% IACS）、抗拉强度 300MPa、伸长率为 23%。秦芳莉等[39]采用热型水平连续制备了 $\phi16mm$ 的定向凝固 Cu-2.0Ag 铜杆，经多道次冷拉拔，获得了直径为 0.043mm 的高强高导微细线，抗拉强度 1062MPa、电导率 79.12%IACS。朱利媛等[40]采用热型连续定向凝固法制备 Cu-4.0Ag 合金铸杆，经多道次连续冷拉拔制备的 0.05mm Cu-Ag 合金微细线，抗拉强度大于 1GPa、电导率 77.2%IACS。

　　本节首先分析了微细丝线材连续拉拔过程中导致断线的原因，然后针对三室真空冷型竖引连铸制备的 Cu-1Ag、Cu-2Ag、Cu-4Ag、Cu-20Ag 合金进行了多道次连续拉拔，从铸态直径 7.8mm 连续拉拔至 0.02mm 微细丝线材，系统研究了 Ag 含量、拉拔变形量对 Cu-Ag 合金强度、电导率、枝晶间距和大小、Ag 颗粒分布的影响规律，探讨了多道次连续拉拔过程中微细丝线材的微观组织和织构以及线径与力学性能和电学性能的内在关联，为解决不同银含量丝线材超细、连续、精确拉拔控制难题提供理论基础。

4.3.1　连续拉拔过程断线因素分析

　　微细丝线材制备过程中由于原始杆坯、拉拔工艺、模具结构等因素导致的断线，是影响其连续稳定拉拔的主要因素[41~43]。本团队研究人员[44,45]以热型水平连铸制备的单晶铜杆坯（ϕ8mm）为研究对象，对其连续拉拔至线径 0.015mm 微细丝线材过程中的断线原因及影响因素进行了系统研究。

　　造成微细丝线材拉拔过程断线的原因主要有以下四种类型：

　　（1）线材中高质量分数的 O、S 等气体元素形成氧化物偏聚，高质量分数的有害杂质元素（Al、Ca、Si 等）及其形成的金属间化合物。

　　（2）微小气孔、杂质、组织不均匀等内部缺陷引起的孔洞或局部应力集中，内部缺陷断线表现为气孔中心爆裂和气孔缺陷断线，气孔中心爆裂表现为断口中心为深浅不一的孔洞，孔洞边缘有金属滑移或撕裂的痕迹等。

　　（3）线材起皮、毛刺、擦伤等表面缺陷及其微小氧化物夹杂对拉制过程中的突发性断线有决定性影响。

　　（4）由于线材拉拔过程加工硬化现象明显，拉伸张力控制不当及其骤然变化引起线材的局部应力变化。

　　图 4-15（a）中可以看到杂质嵌入断裂面，由夹杂起裂最后形成长裂纹从而释放变形能；图 4-15（b）中可以看到夹杂物尺寸较大，影响合金基体熔合的均匀性，引起早期断线；图 4-15（c）中可以观察到合金线断口左侧杂质偏聚，而在右侧区域，如图 4-15（d）所示，可以观察到抛物线状韧窝，说明材料在局部微小区域内，发生过强烈的剪切变形，并且抛物线凸向指向裂纹源。

　　图 4-16（a）所示的断线通常为突发性断线，由于线材表面缺陷具有剪形断面，且与线材成一定角度，在线材断口处不存在颈缩现象，在断面上存在微小氧化物夹杂。图 4-16（b）中，在线材断口处可以观察到线材在断裂前发生了颈缩，断口开裂处存在金属流动撕裂的痕迹，断面上存在微气孔且裂纹的起裂从微气孔开始而逐渐扩展到整个断面。杆坯质量和拉拔过程磨损是表面缺陷的主要来源，杆坯制备过程中出现的微裂纹、组织不均匀、内部气孔、表面氧化等铸造缺陷，易引发早期断线；拉拔过程由于塔轮磨损导致线材表面间断或局部出现起皮、毛刺、结疤或三角口等缺陷，如图 4-17 所示，导致拉丝过程中断线。因此，铜杆坯在拉拔之前，可对其进行酸洗、剥皮等表面处理，消除表面缺陷，降低拉

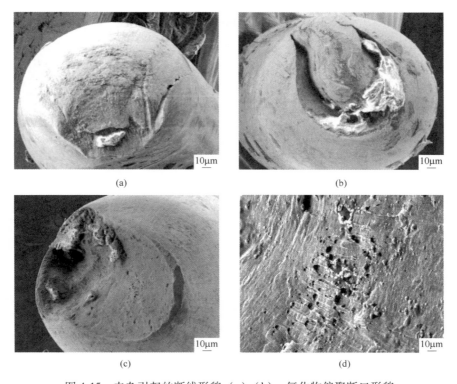

图 4-15　夹杂引起的断线形貌（a）（b）、氧化物偏聚断口形貌
（c）以及抛物线韧窝形貌（d）[44]

Fig. 4-15　（a）（b）Fracture morphology caused by inclusion；
（c）Fracture morphology caused by oxide segregation；（d）parabolic dimple[44]

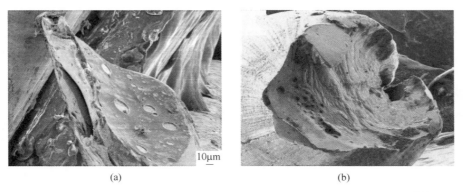

图 4-16　线材表面杂质引起的断线形貌（a）和缺陷引起的断线形貌（b）[44]

Fig. 4-16　（a）Fracture morphology caused by impurities on wire surface；
（b）Fracture morphology caused by defect on wire surface[44]

丝模具和铜线接触部件的粗糙度，能够降低由于表面质量造成的断线。

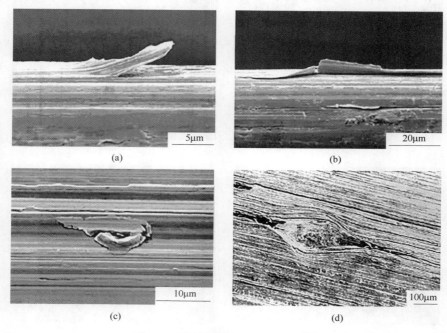

图 4-17　线材拉拔过程表面缺陷[44]

（a）毛刺；（b）起皮；（c）夹杂；（d）刮伤

Fig. 4-17　Surface defects during wire drawing[44]

（a）Burr；（b）Peeling；（c）Inclusion；（d）Scratch

图 4-18 为控制力不当造成断线的典型特征。断口形貌出现明显颈缩和扭断现象，由于急拉缠结或扭结而引起拉力剧增都会引起拉制过程中局部应力变化不

图 4-18　拉制力不当造成扭断（a）和拉制力过大造成颈缩形貌（b）[44]

Fig. 4-18　（a）Torsion fracture caused by improper drawing force；

（b）Necking caused by excessive drawing force[44]

均匀,诱发断线。控制拉制力的稳定和避免对线材表面造成损伤,在成品拉丝前进行去应力退火可减少拉拔断线。

4.3.2 拉拔变形量对 Cu-1Ag 合金组织和性能影响

图 4-19 为 Cu-1Ag 的铸态和不同应变下的纵截面组织。从图 4-19(a)可以看出 Cu-1Ag 合金铸态杆坯中存在平行于轴向的柱状晶,且晶界较为平直,避免了拉拔过程中因横向晶界存在产生晶间断裂,有利于后续连续拉拔。由图 4-19(b)~(d)可知,随着拉拔应变量的增大,纵截面组织形态由柱状晶被逐渐拉拔成了紧密排列的纤维组织,且纤维间距随着应变量的增大而减小。

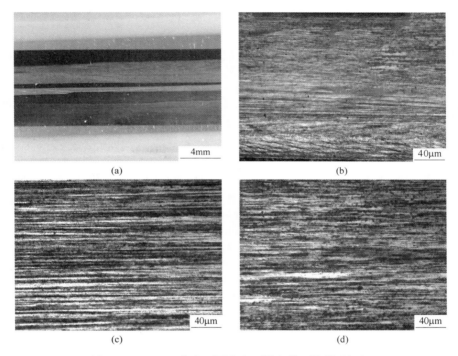

图 4-19 Cu-1Ag 合金不同应变下纵向截面的微观组织

(a) $\varepsilon=0$;(b) $\varepsilon=2.6$;(c) $\varepsilon=4.12$;(d) $\varepsilon=6.46$

Fig. 4-19 Cu-1Ag microstructure of longitudinal cross sections under different strains

(a) $\varepsilon=0$;(b) $\varepsilon=2.6$;(c) $\varepsilon=4.12$;(d) $\varepsilon=6.46$

图 4-20 为纯铜和 Cu-1Ag 合金丝线材不同拉拔应变条件下的抗拉强度和伸长率变化曲线。从图中可以看出,纯铜及 Cu-1Ag 合金的抗拉强度和伸长率随着应变变化的趋势基本一致,当应变量小于 2 时,两种材料的抗拉强度急剧上升,而伸长率急剧下降;当应变量大于 2 时,抗拉强度缓慢上升,而伸长率基本保持不变。$\phi0.02mm$($\varepsilon=11.94$)的 Cu-1Ag 合金丝线材抗拉强度达到最大值 963MPa,

其强度比纯铜抗拉强度提高了 37.6%，同时还保持与纯铜相当的伸长率。当原始铸态杆坯几个柱状晶粒沿轴向排列，经塑性变形后，柱状晶破碎并变成纤维状组织，并伴随着位错增殖，阻碍位错运动提高了强度，降低了塑性。随着应变量的增加，纤维间距减小，位错运动更加困难，使得强度进一步提高。根据 Cu-Ag 合金相图可知，室温下 Ag 在铜中的固溶度只有 0.1%，因此，Cu-1Ag 合金中大部分 Ag 弥散分布在铜基体中。在随后的塑性变形中，Ag 被拉拔成沿轴向分布的 Ag 纤维，Ag 纤维的存在，使得 Cu-1Ag 合金的抗拉强度高于纯铜的抗拉强度。

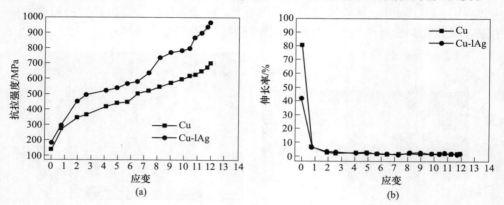

图 4-20　纯铜和 Cu-1Ag 合金丝线材不同拉拔应变条件下的抗拉强度和伸长率变化曲线

（a）抗拉强度；（b）伸长率

Fig. 4-20　Variation curves of tensile strength and elongation of copper and

Cu-1Ag alloy wire under different drawing strain conditions

（a）Tensile strength；（b）Elongation

图 4-21 为 Cu-1Ag 合金电导率随应变变化的曲线。铸态杆坯电导率为 97.2%

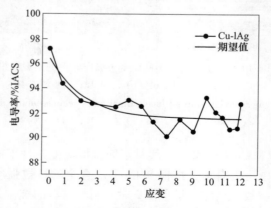

图 4-21　Cu-1Ag 合金电导率与应变的关系曲线和拟合曲线

Fig. 4-21　Cu-1Ag alloy conductivity and strain relation curve and fitting curve

IACS，随着应变的增加，加工硬化现象导致材料的电导率降低，当应变大于4.9时，电导率波动幅度变大，波动幅度在3%IACS。Cu-1Ag合金经过拉拔发生了大塑性变形，使组织呈纤维化，造成了晶格严重畸变和位错增殖等晶体缺陷增加了电子的散射，降低了电导率。但Cu-1Ag合金丝线材从铸态杆到最终状态，电导率仅降低4.53%，仍具有良好的导电性。采用ExpDecl函数对Cu-1Ag合金电导率的预测结果显示，应变小于5时，Cu-1Ag合金的电导率随应变量增大而降低；而当应变大于5时，Cu-1Ag合金的电导率基本保持不变。

4.3.3 拉拔变形量对Cu-2Ag合金组织和性能影响

由三室真空竖引连铸熔炼得到的Cu-2Ag铸态原始杆坯经过多道次连续拉拔，得到线径分别为2.948mm、2.126mm和0.998mm的线材，总变形量分别为61%、92%和98%。图4-22为不同拉拔变形量下Cu-2Ag合金横截面显微组织。图4-22（a）可以发现，从整体上看线径为7.817mm的铸态合金杆坯的横截面微观组织以交错排布的"纺布"形枝晶形态为主，呈现出典型的铸态特征，晶粒分

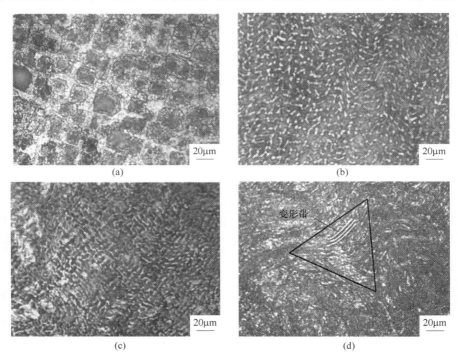

图4-22　不同拉拔变形量下Cu-2Ag合金丝线材横截面金相组织

（a）初始状态；（b）61%；（c）92%；（d）98%

Fig. 4-22　Metallographic structure of Cu-2Ag alloy wire cross section under different drawing deformation

（a）Initial state；（b）61%；（c）92%；（d）98%

布较为规则、均匀。当拉拔至直径为 2.948mm 后（变形量为 61%），如图 4-22（b）所示，由于 Cu-2Ag 合金经过冷变形晶粒明显细化，枝晶的形貌也发生了变化，铸态杆坯被挤压、拉长，横截面微观组织形貌不再是规则的"纺布"形状，而是发生了扭折变形，整体形貌呈无规律分布。拉拔至线径 2.126mm（总变形量为 92%，道次变形量为 48%）后，如图 4-22（c）所示，枝晶数量减少，整体形貌呈无规律分布的趋势并未改变。当拉拔至线径为 0.998mm 后（总变形量为 98%，道次变形量为 78%），如图 4-22（d）所示，在横截面的显微组织中已经看不到"纺布"枝晶形貌，晶粒剧烈变形而发生扭折、碎化，晶界变得模糊，形成许多纤维条纹，晶粒基本完全细化。同时，在微观组织中可以发现大量的变形带，变形带相互汇集，形成近似的三角形区域。

　　图 4-23 为不同拉拔变形量下 Cu-2Ag 合金纵截面显微组织。可以看出，在原始铸态杆坯微观组织中，晶粒大而粗，晶粒之间并不平行，与拉拔方向存在一定角度，如图 4-23（a）所示。随着变形量的增加，纵截面的枝晶形态消失，晶粒沿拉拔方向逐渐细化，晶粒沿拉拔方向被拉长，形成纤维状组织。纤维晶粒之间

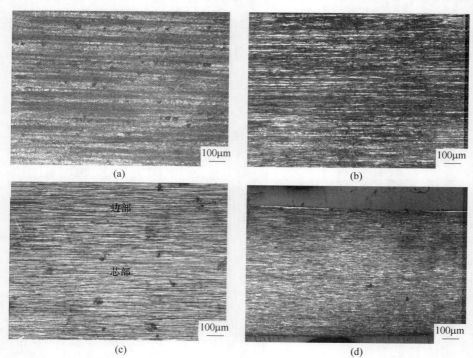

图 4-23　不同拉拔变形量下 Cu-2Ag 合金丝线材横截面金相组织

（a）初始状态；（b）61%；（c）92%；（d）98%

Fig. 4-23　Metallographic structure of Cu-2Ag alloy wire cross section under different drawing deformation

（a）Initial state；（b）61%；（c）92%；（d）98%

的边界呈平直状，且纤维组织层间距逐渐减小。在拉拔变形过程中，合金线材外部变形程度要大于芯部变形程度，外层纤维状晶粒间距小于芯部，如图4-23（c）所示。这是因为在拉拔变形中，由于 Cu-2Ag 合金线材进入模具后，边部金属率先与倒锥形模具接触，金属流线急剧转弯，变形程度较芯部更为剧烈。

图 4-24 为 Cu-2Ag 合金由铸态杆坯经过总变形量分别为 61%、92% 和 98% 的多道次连续拉拔抗拉强度和伸长率的变化规律。可以发现，原始铸态杆坯抗拉强度为 205MPa，在线径拉拔至 2.948mm、2.126mm 和 0.998mm 时，分别达到 434MPa、476MPa 和 594MPa。铸态杆坯经过多道次拉拔后，抗拉强度呈逐渐升高趋势，这主要是由于：随着拉拔变形量的不断增加，位错密度不断升高，产生加工硬化，并且逐渐形成纤维组织，晶粒得到细化，因此抗拉强度呈增加趋势；此外，因为在拉拔至 2.948mm 之前经过一次中间退火处理，有利于纤维组织的重新排布，进一步提高了加工硬化的能力。

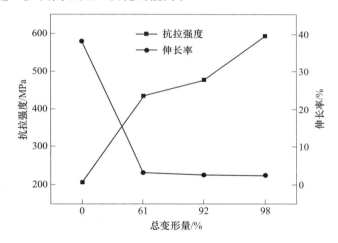

图 4-24 不同拉拔变形量下 Cu-2Ag 合金的抗拉强度和伸长率

Fig. 4-24 Tensile strength and elongation of Cu-2Ag alloy at different drawing deformations

原始铸态杆坯伸长率可达 38%，这是由于 Cu-2Ag 合金铸态杆坯生成沿纵向连续生长的枝晶组织，这些规则排列的晶粒使材料拥有良好的塑性变形能力。随着变形量的增加，伸长率先急剧下降至 3.184%，再缓慢降低至 2.556% 和 2.5%。相比于抗拉强度的变化，伸长率在总变形量达到 61% 之后变化较小，基本趋于平缓。这主要是由于，当变形量较小时，随着变形量的增加，加工硬化效应显著，位错迅速增殖，晶粒细化明显，伸长量急剧减小；当变形量大到一定程度后，位错密度达到饱和，晶粒大小也基本保持不变，伸长率变化不明显。

图 4-25 所示为 Cu-2Ag 合金由铸态杆坯经过不同总变形量拉拔后的电导率变化示意图。可以发现，原始铸态杆坯的电导率达到了 92.1%IACS，随着拉拔变形

程度的增加，电导率先减小至 88.9%IACS，再缓慢降低至 88.3%IACS 和 87.5% IACS，逐渐趋于稳定。可以看出，电导率的变化趋势和伸长率的变化趋势是比较吻合的。影响铜银合金电导率的因素是复杂的，在变形量较小时，随着变形量的增大，晶体晶格畸变严重，位错密度迅速增加，对电子运动阻碍作用明显，因此电导率降低较快。随着变形量不断增大，位错密度达到饱和，纤维状组织的间距还不断较少，纤维组织的间距减小导致界面散射成为影响电导率的主要因素。

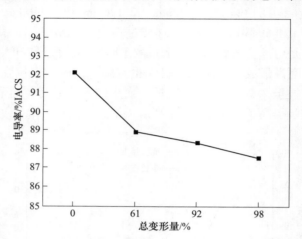

图 4-25 不同拉拔变形量下 Cu-2Ag 合金的电导率

Fig. 4-25 Conductivity of Cu-2Ag alloy at different drawing deformations

4.3.4 拉拔变形量对 Cu-4Ag 合金组织和性能影响

图 4-26 为 Cu-4Ag 原始铸态杆坯横、纵截面微观组织。由于 Cu-4Ag 合金中 Ag 含量低于溶解度极限（共晶温度 779℃下 7.9 wt%），合金铸态组织以富 Cu 的

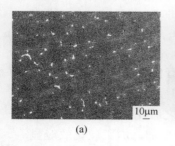
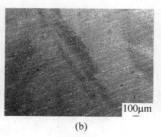
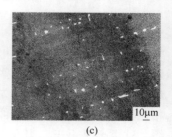

图 4-26 Cu-4Ag 铸态组织

（a）横截面；（b）（c）纵截面

Fig. 4-26 Cu-4Ag as-cast structure

（a）Cross section；（b）（c）Longitudinal cross section

初生 α 相枝晶为主，测量的枝晶平均间距为 58.1μm，存在明显的枝晶偏析。与常规连铸制备的 Cu-Ag 合金杆坯等轴晶组织显著不同的是，形成了近似沿轴向的柱状晶组织。由于 Cu-Ag 合金中 Ag 含量较少，在合金凝固过程中，形成的离散次生 Ag 析出相不足以包围 Cu 枝晶组织。

图 4-27 展示了铸态杆坯横截面和纵截面元素近似含量面扫描的结果，证实 Ag 元素主要分布在枝晶间隙处。在元素测量误差范围内，测量的 Cu 基体中 Ag 元素含量（约 6%）与实际加入量符合较好。进一步对样品表面特殊点进行元素分析，如在基体表面取任意点，测得的成分中含约 9% 的 Ag，说明铜基体为富 Cu 的 α 相固溶体；离散的白色颗粒区域含有 80% 左右 Ag，表明次生富 Ag 的 β 相中含有一定量的 Cu 元素。

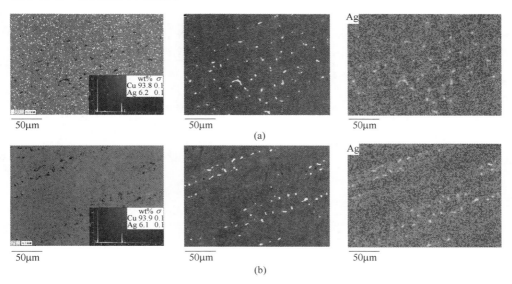

图 4-27　Cu-4Ag 铸态合金面扫描

（a）横截面；（b）纵截面

Fig. 4-27　Cu-4Ag as-cast alloy surface scanning

（a）Cross section；（b）Longitudinal cross section

图 4-28 为不同拉拔应变条件下的丝线材横截面和纵截面微观组织。随着拉拔道次增加，在 Cu-4Ag 合金中先共晶 Cu 柱状晶组织沿拉拔方向明显地逐渐细化。当真应变为 0.76 时，横截面中不连续的次生富 Ag 枝晶间析出相均匀分布在 α-Cu 固溶体中；当真应变从 0.76 增加到 4.12，随着铸态杆横截面面积收缩，离散的枝晶间次生富 Ag 相细化，逐渐演变成联通的网状纤维组织；真应变继续增大，纤维组织细化程度将继续显著提高。在拉拔过程中 α-Cu 固溶体和少量次生的枝晶间 β-Ag 相都同时被显著拉伸细化。这显示了合金中富 Cu 基体和次生 Ag

相具有良好变形相容性，对 Cu-Ag 合金的延展性能贡献最大。

　　Cu-4Ag 合金在冷拉拔过程中横截面上出现"白点"先增多后减少现象，如图 4-28 所示，真应变为 2.6 和 2.68 时图中出现的白色区域，如图中箭头所示，"白点"产生可能由次生 β-Ag 相相距很近，而光学显微镜分辨率较低不容易分辨所致。随着真应变加大，次生 β-Ag 相细化，白点逐渐消失。

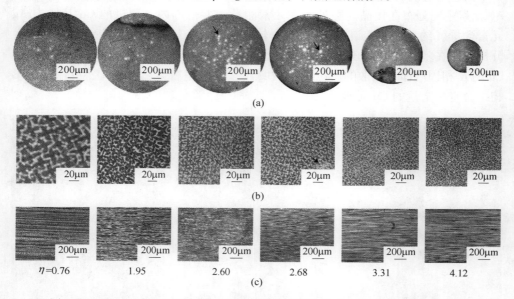

图 4-28　Cu-4Ag 合金丝线材不同应变条件下的横截面（a）（b）和纵截面（c）

Fig. 4-28　Cu-4Ag alloy wire under different strain conditions of cross section （a）（b）

and longitudinal section （c）

　　图 4-29 展示了冷拉拔 Cu-4Ag 合金的伸长率随真应变变化规律。在真应变小于 3 时，伸长率随真应变增长先急剧下降，塑性变形使得在枝晶间次生的 β-Ag 相颗粒沿轴向拉伸细化，引起次生 Ag 相和 Cu 基体界面面积急剧增加，产生的位错在界面附近塞积，使得合金伸长率大幅度下降。真应变继续增大，而后伸长率维持在 3% 左右，可能说明新增界面阻碍位错运动作用在减弱。为了充分挖掘 Cu-4Ag 合金丝线材高延展性，后续可以借助变形工艺和热处理等手段控制界面的结构和类型，进行深入的研究。

　　Cu-4Ag 合金的强度主要取决于包含次生 Ag 颗粒的 Cu 基体，柱状晶晶粒细化，次生 Ag 颗粒拉伸成纤维状，Ag 纤维组织间距缩短，可有效提高合金强度。初生枝晶间距 λ_0 是决定合金拉拔后 Ag 纤维组织间距的主要因素，Sakai 等研究发现，在 Cu-Ag 铸态合金中，λ_0 主要依赖于凝固条件和冷凝速度[46,47]。Han 等研究了 Cu-Ag 合金中抗拉强度与枝晶间距 λ_0 和真应变 η 之间的关系[48]：

$$\sigma_{\text{ult}} = \sigma_0 + k\lambda_0^{-\frac{1}{2}}\exp(\eta/4) \tag{4-10}$$

式中，σ_{ult} 为拉拔态 Cu-4Ag 合金的抗拉强度；σ_0 为铸态 Cu-4Ag 合金的抗拉强度；k 为 Cu 基体的 Hall-Petch 系数。

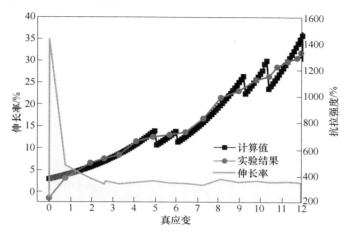

图 4-29　Cu-4Ag 合金丝线材在不同拉应变下抗拉强度和伸长率

Fig. 4-29　Cu-4Ag alloy wire under different tensile strains tensile strength and elongation

式（4-10）把凝固过程和拉拔过程联系起来，反映了凝固时微观晶粒组织的细化对合金的力学性能的改善作用。在本研究中，利用式（4-10）近似地研究 Cu-4Ag 合金抗拉强度随真应变的变化。利用定向凝固方法制备的柱状晶组织 Cu-4Ag 合金初始枝晶间距值为 58.1μm。在 1~5 的真应变范围内 k 拟合值为 1.1，此真应变区间的抗拉强度增加与经验公式预测比较符合，当真应变 $\eta > 5$，$k = 1.1$ 对应的抗拉强度预测值与实验值误差越来越大。为了反映经验模型与实验值之间的一致关系，只有采取按真应变分段拟合方法，k 值拟合结果为：$\eta = 5~6$，$k = 0.85$；$\eta = 6~9$，$k = 0.7$；$\eta = 9~10$，$k = 0.6$；$\eta = 10~12$，$k = 0.45$。k 值随真应变增加呈现降低趋势，这可能暗示着对柱状晶组织 Cu-4Ag 合金来说，真应变越大，细晶强化的作用在逐渐降低。为了真实反映合金强化效果，除了细晶强化，其他方面如固溶强化位错强化、织构强化等因素需要将来做深入研究。

图 4-30 为 Cu-4Ag 合金不同拉拔应变条件下电导率、电阻率和直流电阻变化趋势。由图 4-30 可知，初始 Cu-4Ag 合金铸态杆电导率为 88.5%IACS，随真应变增加，缓慢下降，在真应变达到 9.0 时达到谷底后又缓慢上升，最后电导率保持在 77.0%IACS。而电阻率随真应变增加，由铸态时约 0.019Ω/m 逐渐上升，同样在真应变为 9.0 时达到峰值 0.023Ω/m，增幅为 21%；之后电阻率先迅速下降，后又呈现缓慢上升趋势。直流电阻与电阻率成正比，与线材直径成反比，电阻率越大，线径越小，电阻越大。虽然 Cu-4Ag 合金电阻率在真应变大于 9.0 时，有

所降低，但线径变化更大，因此，直流电阻一直保持显著增加趋势。达到最小线径 0.02mm 时，对应的电阻为大约 71.9Ω，是 Cu-4Ag 合金铸态杆坯电阻的 1.8×10^5 倍。

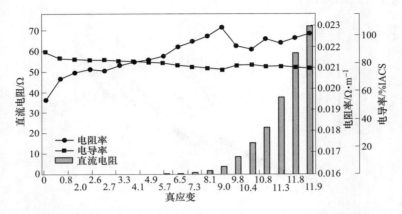

图 4-30　Cu-4Ag 合金不同拉应变下电导率、直流电阻和电阻率

Fig. 4-30　Cu-4Ag alloy conductivity, DC resistance and resistivity under different tensile strains

4.3.5　拉拔变形量对 Cu-20Ag 合金组织和性能影响

结合 Cu-Ag 合金二元平衡相图可知，在共晶成分时（779℃），Ag 在 Cu 中的固溶度为 7.9%，而在室温下，Ag 在 Cu 中的固溶度只有 0.1%。对于高 Ag 含量（Ag 含量大于 8%）铜银合金丝线材的制备，由于其凝固区间宽，固—液过渡区大，易产生成分偏析和凝固组织缺陷，进而导致在后续拉拔过程中易出现断线现象。

图 4-31 为 Cu-20Ag 合金铸态杆坯以及多道次连续拉拔后微细丝的纵截面宏观照片及纵、横截面的微观金相组织。从图 4-31 中纵截面的微观组织可以看出，由三室真空冷型竖引式连铸得到的铸态杆坯纵截面微观组织为铜基体上分布着连续网状的共晶组织，且沿纵向呈现菱形网纹状排列；经过拉拔以后，原始铸态的网状共晶组织被拉成长纤维状，且随着拉拔道次增加，纤维组织之间的间距越来越小，几乎近似完全平行于轴向。

此外，对比拉拔过程中纵截面宏观组织分析发现，合金线材外围纤维组织间距远小于芯部，这说明在拉拔过程中线材外围变形量明显大于芯部，且从圆周沿直径方向到芯部变形程度逐渐减弱，这主要是由于拉拔过程中合金线材进入模具后，圆周边部金属率先与倒锥形模具接触发生剪切变形，而芯部主要是靠边部变形带动中心部位晶粒滑移，因此，丝线材圆周边部变形程度比芯部更为剧烈。由图 4-31 中横截面的微观组织分析可知，铸态杆坯横截面微观组织为铜基体上分

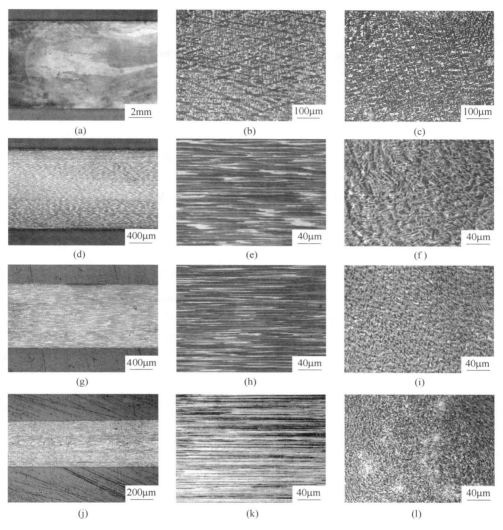

图 4-31　Cu-20Ag 合金铸态杆坯以及多道次连续拉拔后微细丝
的纵截面宏观照片及纵、横截面微观组织
（a）（b）（c）7.83mm；（d）（e）（f）2.13mm；
（g）（h）（i）1.00mm；（j）（k）（l）0.45mm

Fig. 4-31　Cu-20Ag alloy as-cast bar billet and multi-pass continuous drawing of the fine wire
longitudinal section macro photos and longitudinal and cross section microstructure
（a）（b）（c）7.83mm；（d）（e）（f）2.13mm；
（g）（h）（i）1.00mm；（j）（k）（l）0.45mm

布着连续网状的共晶组织，且无规则排列；经过拉拔以后，横截面仍然为无规则
的连续网状共晶组织，但随着拉拔道次增加，连续网状共晶组织之间的间距越来

越小，微观组织越来越致密。综上所述，经过多道次拉拔以后，连续网状的共晶组织在纵向逐渐被拉成近似完全平行于轴向的长纤维，而截面上逐渐被拉成间距越来越小的无规则网状组织。

　　图 4-32 为在拉拔过程中得到不同直径合金丝线材的抗拉强度和伸长率的变化曲线。由图 4-32 分析可知，采用真空冷型竖引连铸得到合金杆坯的抗拉强度为 284MPa，伸长率为 48.0%，具有优异的塑性。拉拔过程中，随着直径的减小，合金丝线的抗拉强度逐渐增强；其中，当直径由 7.83mm 连续拉拔至 1.00mm（$\eta = 4.12$）时；合金丝线的抗拉强度平稳提升；当直径由 1.00mm 逐渐拉拔至 0.02mm（$\eta = 11.94$）时，抗拉强度急剧升高，直径 0.02mm 时抗拉强度可达 1682MPa。这主要是由于经过多道次拉拔，铜基体中均匀分布的 Ag 纤维逐渐形成平行于轴向的纤维组织，并随着拉拔应变增大产生加工硬化现象，进而导致抗拉强度逐渐增加。然而，拉拔过程中，随着直径的减小，Cu-20wt%Ag 合金丝线的伸长率逐渐降低；当直径由 7.83mm 逐渐拉拔至 2.95mm（$\eta = 1.95$）时，伸长率由 48% 迅速降低至 3.68%，这主要是拉拔变形后晶粒内部位错密度的急剧增加，是导致材料伸长率急剧降低；当直径由 2.13mm（$\eta = 2.60$）逐渐拉拔至 0.02mm 时，Cu-20wt%Ag 合金丝线的伸长率趋于平稳，在 1.8wt% ~ 3.3wt% 范围内浮动；这主要是由于直径小于 2.13mm 以后，铜基体中均匀分布的银纤维已经近似于平行轴向。

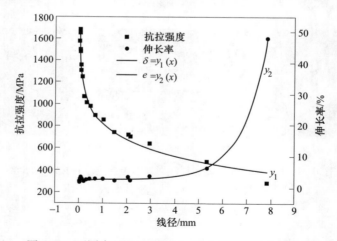

图 4-32　不同直径 Cu-20wt%Ag 合金丝线材的力学性能

Fig. 4-32　Mechanical properties of Cu-20wt%Ag alloy wires with different diameters

　　图 4-33 为不同直径 Cu-20wt%Ag 合金丝线材的电导率、直流电阻和电阻率。由图分析可知，采用真空冷型竖引连铸得到铸态合金杆坯的电导率为 79.3% IACS、电阻率为 $2.17 \times 10^{-2}\Omega/m$、直流电阻为 $4.51 \times 10^{-4}\Omega$。在拉拔过程中，随着

直径的减小（即拉拔应变增大），Cu-20Ag 合金丝线的电导率逐渐降低，电阻率和直流电阻逐渐升高。其中，当由 7.83mm（$\eta = 0$）逐渐拉拔至 0.452mm（$\eta =$ 5.70）时，合金丝线的电导率逐渐降低，电阻率逐渐上升，直流电阻略有提升但保持平稳；当由 0.452mm 逐渐拉拔至 0.0435mm（$\eta = 10.39$）时，电导率快速降低，电阻率快速上升，直流电阻快速提升；当直径由 0.0435mm 逐渐拉拔至 0.02mm（$\eta = 11.94$）时，电导率急剧下降而电阻率和直流电阻率急剧上升。其中，当直径由 0.435mm 逐渐拉拔至 0.02mm，丝线材电导率由 58.5%IACS 急剧下降到 54.4%IACS，电阻率由 $2.95 \times 10^{-2} \Omega / m$ 急剧升至 $3.17 \times 10^{-2} \Omega / m$，而直流电阻则由 19.82Ω 急剧上升至 100.88Ω。引起上述变化的原因主要是，随着拉拔过程的进行，在晶间和晶内产生微观裂纹和空隙以及点阵缺陷和位错等晶体缺陷，这些缺陷都会随着变形量的增加不断累积，从而导致电阻升高，电导率下降；另一方面，结合图 4-31 中的微观组织分析，随着不断拉拔，纤维组织平均间距逐渐变小，界面散射随着纤维间距减小而增大，也会导致电阻率不断增大，电导率逐渐降低。

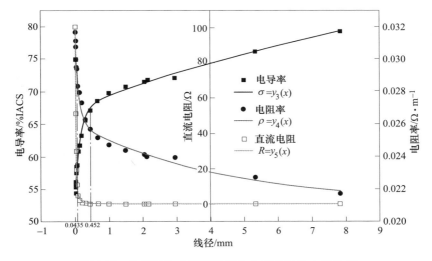

图 4-33　拉拔过程中不同直径合金丝线材的力学性能

Fig. 4-33　Mechanical properties of alloy wires with different diameters during drawing

4.4　拉拔模具结构及其他影响因素

4.4.1　丝线材拉拔模具

4.4.1.1　模具结构

根据模孔纵断面的形状可将拉拔模具分为锥形模和弧线形模。在丝线材线径较大时，通常采用锥形模；在线径较小时，可采用弧线形模。

锥形模的模孔一般可分为 5 个区域，如图 4-34 所示。各个区域的作用和形状如下[49,50]：

（1）入口区：入口区角度是拉拔模具重要参数之一，必须保证线材进入模具时的接触点发生在拉拔模压缩区内同一高度位置上，且要能利于线材的穿入。入口区提供了线材通向润滑区和压缩区的平滑外形，使得润滑剂能够到达拉拔模的工作面上。

（2）润滑区：润滑区能够将润滑剂输送至工作区。由于润滑剂种类和线径的不

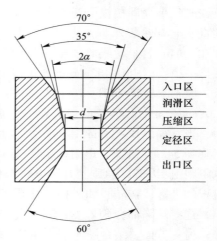

图 4-34　微细丝线材拉拔锥形模
Fig. 4-34　Tapered die for drawing fine wire

同，润滑区的长度和锥角也有所不同。润滑剂为液体且黏度较大时，润滑区锥角要选择较大值，以保证润滑剂能够顺利进入压缩区，避免形成楔形堵塞；但润滑区锥角过大，则不易形成流体动压动效应，影响润滑效果。

（3）压缩区：压缩区是丝线材产生塑性变形的区域，金属在此段获得所需的形状与尺寸。压缩区的形状有两种：锥形和弧线形。锥型压缩区主要尺寸参数是压缩角 α，压缩角 α 的大小和对作用在拉拔模具内孔上的压力大小及其分布规律，以及被拉线材力学性能的好坏起着决定性作用。α 角过小，坯料与模壁的接触面积增大，从而导致摩擦阻力增大；α 角过大，金属在变形区中的流线急剧转弯，导致附加剪切应力变形增大，从而使拉拔力和非接触变形增大。因此，α 角存在着一最佳区间，在此区间拉拔力最小。

（4）定径区：定径区的作用是使丝线材获得稳定而精准的形状及尺寸。定径区直径尺寸根据线材允许公差及丝线材在拉拔时产生的弹性变形来确定，并能够兼顾模具的使用寿命，通常选择线材负公差尺寸。确定定径区长度时应满足以下要求：足够的耐磨性、拉拔时消耗的能量以及减少拉断线材的可能性。定径区过短，会造成拉拔时线材的摇晃及产生竹节形缺陷，还会使拉拔模内孔很快地磨损导致尺寸超差；定径区过长，则增加了拉拔能耗，导致模具寿命的减少。

（5）出口区：出口区的作用是防止金属从金属出模孔时被划伤和定径区后缘因受力而剥落，出口区的长度一般取 $(0.2 \sim 0.3)d$。

4.4.1.2　模具材料

在拉拔过程中，模具受到较大的摩擦，尤其在拉制微细丝线材时，拉拔速度

很高，拉拔模具的磨损很快，因此，要求模具材料具有很高的硬度、耐磨性和强度。常用的拉模材料有以下几种：

（1）金刚石：金刚石时目前世界上已知物质中硬度最高的材料，其显微硬度可达 $1 \times 10^6 \sim 1.1 \times 10^6$ MPa。金刚石不仅具有高的硬度和耐磨性，而且物理和化学性能极其稳定，具有极高的耐蚀性。但金刚石非常脆且仅在孔很小时能够承受拉拔金属的压力，因此，金刚石拉拔模具一般用于拉拔直径小于 1.2mm 以下的微细丝线材。

（2）硬质合金：在拉制线径较大的丝线材时，多采用硬质合金模。绝大多数的硬质合金拉拔模通常以碳化钨为基，以钴为黏结剂在高温下压制和烧结而成。硬质合金模具具有以下特性：耐磨性高、抛光性好、黏附性小、摩擦系数小、降低能耗消耗抗蚀性高，这些特性使得硬质合金拉拔模具对润滑剂具有广泛适应性。但硬质合金模具的抗张和抗冲击性能较低，在拉拔过程中拉模要承受很大的张力，因此必须在硬质合金模的外侧加一个钢制外套，给它一定的预应力，以减少或抵消拉拔模在拉制时所承受的工作应力，增加其强度。

（3）陶瓷拉丝模：随着拉拔行业的不断发展，模具材料的选择更加需要考虑经济因素和实际效率。陶瓷材料因其良好的物理力学性能，逐渐成为良好的拉丝模材料。陶瓷拉丝模除了具有硬度高、耐磨性好、化学稳定性强和高温力学性能优良，在拉拔过程中不易与金属丝线材发生黏附作用，有利于提高金属表面性能。

4.4.2 拉拔过程中的润滑

4.4.2.1 拉拔润滑剂的要求

丝线材拉拔过程中的工艺润滑原理是在被拉金属与拉丝模模壁之间形成一层润滑膜，减小界面间的摩擦，防止因发热而发生金属在模壁上的黏结，以降低拉拔时的能耗和温升，延长模具的使用寿命，保证产品的表面质量，并使变形均匀。提高润滑剂的润滑性能对实现微细丝线材高速拉拔和强化拉拔变形过程具有重要的作用[51]。

拉拔润滑剂应满足拉拔工艺、经济与环保等方面的要求。拉拔的方式、条件与产品品种不同，润滑剂的选择也有所不同。对于金属丝线材拉拔润滑剂的一般要求，可概括如下：

（1）对工具与变形金属表面具有较强的黏附性能和耐压性能，且在高压下能够形成稳定的润滑膜。

（2）要有适当的黏度，保证润滑层有一定的厚度，且有较小的流动剪切应变。

（3）对工具及变形金属要有一定的化学稳定性。

（4）温度的变化对于润滑剂的性能影响小，且能有效地冷却金属及模具。

（5）对人体无害，对环境污染小。

（6）使用与清理方便。

（7）有适当的闪点及着火点。

（8）成本低，资源丰富。

4.4.2.2　拉拔润滑剂的种类

拉拔润滑剂通常分为两种：干式拉丝润滑剂（俗称拉丝粉、拔丝粉）和湿式拉丝润滑剂（水箱拉丝润滑剂）。

干式润滑剂有承载能力强、使用温度范围宽的优点，并且在低速或高真空中也能发挥良好的润滑作用。干式润滑剂种类很多，但最常用的是层状石墨与二硫化钼等。

（1）石墨：一种六方晶系层状结构。石墨在常压中、温度为540℃时可短期使用，426℃时可长期使用，氧化产物为CO、CO_2，摩擦系数在0.05~0.19范围内变化。石墨具有很高的耐磨、耐压性能以及良好的化学稳定性，是一种较好的固体润滑剂。

（2）二硫化钼：二硫化钼从外观上看是灰黑色、无光泽，其晶体结构为六方晶系的层状结构，二硫化钼具有良好的附着性能、抗压性能和减摩性能，摩擦系数在0.03~0.15范围内。二硫化钼在常态下，-60~349℃时能很好地起到润滑作用，温度达到400℃时，才开始逐渐氧化分解，540℃以后氧化速度急剧增加，氧化产物为MoS_2和SO_2。但在不活泼的气氛中至少可使用到1090℃。此外，MoS_2还有较好的抗腐蚀性和化学稳定性。

（3）其他：肥皂粉（硬脂酸钙、硬脂酸钠等）作润滑剂，有较好的润滑性能、黏附性能和洗涤性能。以脂肪酸皂为基础，再添加一定数量的各种添加剂（如极压添加剂、防锈剂等等），可作专用干式拉拔润滑剂。

湿式拉丝润滑剂相比于干式润滑剂用途更广，主要有肥皂液和乳化液两类：（1）肥皂液一般为钠皂或钾皂的水溶液，浓度为0.5%~3%，广泛应用于各种细丝的湿拉中，起润滑、冷却和清洁钢丝表面的作用。（2）乳化液又称可溶性油，由矿物油和水加入适量的乳化剂配成，浓度为2%~6%。与肥皂液相比，乳化液消泡性好，容易与水混合，冷却性能高，并可在钢丝表面留有一层防锈薄膜。在液体润滑剂中也需要加入少量添加剂，如极压添加剂（氯化石蜡、硫化油等）、消泡剂（硅树脂等）、乳化剂（甲醇）及杀菌剂（酚或贵金属盐）等。目前有色金属拉拔所使用的乳液是由80%~85%机油或变压器油、10%~15%油酸、5%的三乙醇胺，把它们配制成乳剂之后，再与90%~97%的水搅拌成乳化液供生产使用。

4.5　本章小结

本章基于热型水平连铸和冷型竖引连铸制备的合金杆坯，介绍了从杆坯到微细丝线材的连续拉拔技术及相关科研成果。

首先论述了丝线材常用的拉拔工艺及特点，主要包括：单丝拉拔法、集束拉拔法、熔抽法、超声拉丝等。然后，团队针对微细丝线材拉拔过程的应力状态和变形状态，以及存在的高速拉拔和尺寸效应特点，探讨了微细丝线材高应变速率下的本构关系和变形规律，构建了基于尺寸效应的铜银合金微细丝线材拉拔力模型。

（1）基于微细丝线材拉拔用无氧铜霍普金森压杆冲击试验，分析了高应变速率状态下后继屈服应力与应变关系，建立了修正的高应变速率 John-Cook 本构关系模型：

$$\sigma = (75 + 389.96\varepsilon^{0.583})[1 + (0.03785 + 0.46574\varepsilon)\ln\dot{\varepsilon}^*] \qquad (4\text{-}11)$$

（2）以铜银合金丝线材为例，基于不同道次拉拔实验，获得了不同线径和不同银含量下的铜银合金微细丝线材的强度数据，构建了考虑尺寸效应的 BP 和 PSO-BP 神经网络，用来预测 Cu-Ag 合金微细丝线材抗拉强度随线径的变化趋势。发现：PSO-BP 人工神经网络训练的 Cu-Ag 合金样本数据相关系数 R 为 0.90786，明显高于 BP 人工神经网络训练的相关系数 0.79425，说明 PSO-BP 人工神经网络中输入参数线径与输出参数抗拉强度具有更强的相关性，进一步验证了尺寸效应。

（3）考虑影响拉拔力的主要因素包括材料性能、拉拔工艺参数、拉拔模具结构参数，基于高应变速率和尺寸效应的影响，构建了微细丝线材高速拉拔力计算模型。

分析了微细丝线材连续拉拔过程导致断线的原因，主要包括：微量杂质元素、内部缺陷、表面质量、拉拔工艺等。针对三室真空冷型竖引连铸制备的 Cu-1Ag、Cu-2Ag、Cu-4Ag、Cu-20Ag 合金进行了多道次连续拉拔，从铸态直径 7.8mm 连续拉拔至 0.02mm 微细丝线材，系统研究了 Ag 含量、拉拔变形量对 Cu-Ag 合金强度、电导率、枝晶间距和大小、Ag 颗粒分布的影响规律，探讨了多道次连续拉拔过程中微细丝线材的微观组织和织构以及线径与力学性能和电学性能的内在关联，为解决不同银含量丝线材超细、连续、精确拉拔控制难题提供理论基础。最后，简要介绍了影响连续拉拔的模具材料和结构、润滑等其他因素。

参 考 文 献

[1] 万珍平，叶邦彦，汤勇，等. 金属纤维制造技术的进展 [J]. 机械设计与制造，2002（6）：

108-109.

WAN Z P, YE B Y, TANG Y, et al. The progress of manufacturing technologies on metal fibre [J]. Machinery Design & Manufacture, 2002 (6): 108-109.

[2] 邱从章, 刘楚明. 集束拉拔法金属纤维的现状和发展趋势 [J]. 金属材料与冶金工程, 2007 (2): 14-18.

QIU C Z, LIU C M. Research analysis of production situation and development of stainless steel and fecral fibre [J]. Metal Materials and Metallurgy Engineering, 2007 (2): 14-18.

[3] 刘古田. 金属纤维综述 [J]. 稀有金属材料与工程, 1994, 23 (1): 7-15.

LIU G T. Metal fiber review [J]. Rare Metal Materials and Engineering, 1994, 23 (1): 7-15.

[4] 赵升吨, 李泳峄, 范淑琴. 超声振动塑性加工技术的现状分析 [J]. 中国机械工程, 2013, 24 (6): 835-840.

ZHAO S D, LI Y Z, FAN S Q. Status analysis of plastic processing technology with ultrasonic vibration [J]. China Mechanical Engineering, 2013, 24 (6): 835-840.

[5] 张士宏. 金属材料的超声塑性加工 [J]. 金属成形工艺, 1994, 12 (3): 102-106.

ZHANG S H. Ultrasonic plastic processing of metal materials [J]. Journal of Netshape Forming Engineering, 1994, 12 (3): 102-106.

[6] 胡立杰. 高性能键合铜丝的制备及其球键合工艺研究 [D]. 兰州: 兰州理工大学, 2009.

HU L J. Study on the preparation and ball bonding process for the high-performance copper bonding wire [J]. Lanzhou: Lanzhou University of Technology, 2009.

[7] AKSENOV O, FUKS A, ARONIN A. The effect of stress distribution in the bulk of a microwire on the magnetization processes [J]. Journal of Alloys and Compounds, 2020: 836.

[8] JOHNSON G, COOK W. A constitutive model and data for metals subjected to large strains, high strain reates and high temperature [C]. Proceedings of the 7th International Symposium on Ballistics, Hague, 19-21 April 1983: 541-547.

[9] GUO Y Z, BING D, LIU H F, et al. Electromagnetic Hopkinson bar: A powerful scientific instrument to study mechanical behavior of materials at high strain rates [J]. Review of Scientific Instruments, 2020, 91 (8): 081501.

[10] 李媛媛, 张平, 于晓, 等. 7055-T614 铝合金动态冲击性能及显微组织演变分析 [J]. 兵器材料科学与工程, 2020 (1): 20-24.

LI Y Y, ZHANG P, YU X, et al. Dynamic impact properties and microstructure evolution of 7055-T614 aluminum alloy [J]. Ordnance Material Science and Engineering, 2020 (1): 20-24.

[11] 胡昌明, 贺红亮, 胡时胜. D6AC 钢的动态力学性能研究 [J]. 兵器材料科学与工程, 2003 (2): 26-29.

HU C M, HE H L, HU S S. Study on dynamic mechanical properties of D6AC steel [J]. Ordnance Material Science and Engineering, 2003 (2): 26-29.

[12] 孔金星, 陈辉, 何宁, 等. 纯铁材料动态力学性能测试及本构关系模型 [J]. 航空学报, 2014, 35 (7): 2063-2071.

KONG J X, CHEN H, HE N, et al. Dynamic mechanical property tests and constitutive model of pure iron material [J]. Acta Aeronautica et Astronautica Sinica, 2014, 35 (7): 2063-2071.

[13] 杨锋平, 罗金恒, 李鹤, 等. X90 超高强度输气钢管材料本构关系及断裂准则 [J]. 石油学报, 2017 (1): 112-118.
YANG F P, LU J H, LI H, et al. Constitutive law and fracture criteria of X90 ultrahigh-strength gas-transmission steel pipe material [J]. Acta Petrolei Sinica, 2017 (1): 112-118.

[14] 刘再德, 王冠, 冯银成, 等. 6061 铝合金高应变速率本构参数研究 [J]. 矿冶工程, 2011 (6): 120-123.
LIU Z D, WANG G, FENG Y C, et al. High-strain-rate Constitutive Parameters of 6061 Aluminum Alloys [J]. Mining and Metallurgical Engineering, 2011 (6): 120-123.

[15] 吴尚霖, 鞠康, 段春争, 等. 细晶 T2 纯铜动态力学性能及本构关系模型 [J]. 工具技术, 2019, 53 (11): 16-20.
WU S L, JU K, DUAN C Z, et al. Dynamic mechanical properties and constitutive model of fine-grained T2 copper [J]. Tool Engineering, 2019, 53 (11): 16-20.

[16] 马继山, 孟宪国, 于海平, 等. QCr0.8 铜合金动态力学性能研究 [J]. 火箭推进, 2016 (6): 57-61.
MA J S, MENG X G, YU H P, et al. Research on dynamic mechanical properties of QCr0.8 copper alloy [J]. Journal of Rocket Propulsion, 2016 (6): 57-61.

[17] 王旭, 王宏, 王文辉. 人工神经元网络原理与应用（第 2 版）[M]. 沈阳: 东北大学出版社, 2007.
WANG X, WANG H, WANG W H. Principle and application of artificial meusral network (2rd Edition) [M]. Shenyang: Northest University Press, 2007.

[18] WERBOS J. Beyond Regression: New Tools for Prediction and Analysis in the Behavioral Sciences [D]. Cambridge: Harvard University, 1974.

[19] DAVID E R, GEIFFRET E, WILLIAMS R, et al. Learning representations by back-propagating errors [J]. Nature, 1986, 323: 533-536.

[20] KENNEDY J, EBERHART R C. Particle swarm optimization [C]. Proc. IEEE International Conf. on Neural Networks, IEEE service center, Piscataway, NJ, 1995, vol. Ⅳ: 1942-1948.

[21] GAO W, SU C. Analysis on block chain financial transaction under artificial neural network of deep learning [J]. Journal of Computational and Applied Mathematics, 2020: 112991.

[22] WANG B, CHEN B W, WANG G Q, et al. Back propagation (BP) neural network prediction and chaotic characteristics analysis of free falling liquid film fluctuation on corrugated plate wall [J]. Annals of Nuclear Energy, 2020, 148: 107711.

[23] ALMOMANI F. Prediction the performance of multistage moving bed biological process using artificial neural network (ANN) [J]. Science of The Total Environment, 2020, 744: 140854.

[24] KIM M K, KIM Y S, SREBRIC J. Impact of correlation of plug load data, occupancy rates and local weather conditions on electricity consumption in a building using four back-propagation neural network models [J]. Sustainable Cities and Society, 2020: 102321.

[25] LI Y Y, LI J T, HUANG J, et al. Fitting analysis and research of measured data of SAW mi-

cropressure sensor based on BP neural network [J]. Measurement, 2020, 155, 107533.

[26] WANG H S, WANG Y N, WANG Y C. Cost estimation of plastic injection molding parts through integration of PSO and BP neural network [J]. Expert System with Applications, 2013, 40 (2): 418-428.

[27] SAKAI Y, Schneider-Muntau H J. Ultra-high strength, high conductivity Cu-Ag alloy wires [J]. Acta Materialia, 1997, 45 (3): 1017-1023.

[28] SAKAI Y, INOUE K, MAEDA H. New high-strength, high-conductivity Cu-Ag alloy sheets [J]. Acta Metallurgica Et Materialia, 1995, 43 (4): 1517-1522.

[29] 刘嘉斌, 张雷, 孟亮. Ag 含量对纤维相强化 Cu-Ag 合金组织及性能的影响 [J]. 金属学报, 2006 (9): 937-941.
LIU J B, ZHANG L, MENG L. Effects of Ag content on microstructure and properties of the filament strengthened Cu-Ag alloys [J]. Acta metallurgica sinica, 2006 (9): 937-941.

[30] LIU J B, MENG L, ZENG Y W. Microstructure evolution and properties of Cu-Ag microcomposites with different Ag content [J]. Materials Science & Engineering A, 2006, 435 (9): 237-244.

[31] 宁远涛, 张晓辉, 张婕. 大变形 Cu-Ag 合金原位纤维复合材料的稳定性 [J]. 中国有色金属学报, 2005 (4): 18-24.
NING Y T, ZHANG X H, ZHANG J. Stability of heavy deformed Cu-Ag alloy in situ filamentary composites [J]. Chinese Journal of Nonferrous Metals, 2005 (4): 18-24.

[32] ZUO X, HAN K, ZHAO C, et al. Microstructure and properties of nanostructured Cu 28wt% Ag microcomposite deformed after solidifying under a high magnetic field [J]. Material Science and Engineering: A, 2014, 619 (11): 319-327.

[33] ZHAO C, ZUO X, WANG E, et al. Strength of Cu-28 wt% Ag composite solidified under high magnetic field followed by cold drawing [J]. Metals and Materials International, 2017, 23 (2): 369-377.

[34] 王青, 梁淑华, 宋克兴, 等. 第二相对析出强化铜合金大变形量多道次连续拉拔变形组织和性能的影响 [J]. 西安理工大学学报, 2015 (3): 301-305.
WANG Q, LIANG S H, SONG K X, et al. The influence of second phase on microstructure and properties of precipitation strengthening of copper alloy during multi-pass deep wire drawing [J]. Journal of Xi'an University of Technology, 2015 (3): 301-305.

[35] 张雷, 孟亮. 纤维相强化 Cu-12% Ag 合金的组织和力学性能 [J]. 中国有色金属学报, 2005, 15 (5): 751-756.
ZHANG L, MENG L. Microstructure and mechanical properties of Cu-12% Ag filamentary composite [J]. Chinese Journal of Nonferrous Metals, 2005, 15 (5): 751-756.

[36] 张雷, 孟亮. 合金元素对 Cu-Ag 合金组织、力学性能和电学性能的影响 [J]. 中国有色金属学报, 2002, 12 (6): 1218-1223.
ZHANG L, MENG L. Effect of alloying elements on the Microstructure, mechanical properties and electrical properties of Cu-Ag alloy [J]. Chinese Journal of Nonferrous Metals, 2002, 12 (6): 1218-1223.

[37] 张雷. 纤维相增强 Cu-Ag 合金的显微组织及力学和电学性能 [D]. 杭州：浙江大学，2005.
ZHANG L. Microstructure, mechanical and electrical properties of fiber reinforced Cu-Ag Alloy [D]. Hangzhou：Zhejiang University, 2005.

[38] 封存利，秦芳莉，介明山，等. 拉拔工艺对定向凝固 Cu-Ag 合金导线性能的影响 [J]. 特种铸造及有色合金，2015，35（8）：893-896.
FENG C L, QIN F L, JIE M S, et al. Effects of drawing process on properties of directional solidification Cu-Ag conduct wires [J]. Special Casting Nonferrous Alloys, 2015, 35（8）：893-896.

[39] 秦芳莉，李雷，朱利媛，等. 定向凝固 Cu-2.0Ag 合金冷拉拔时性能与组织演变 [J]. 材料热处理学报，2016，37（12）：74-79.
QIN F L, LI L, ZHU L Y, et al. Properties and microstructure of directional solidification Cu-2.0Ag alloy with cold drawing [J]. Transactions of Materials and Heat Treatment, 2016, 37（12）：74-79.

[40] 朱利媛，李雷，冀国良，等. Cu-4.0Ag 合金微细线制备工艺及性能研究 [J]. 特种铸造及有色合金，2017，37（12）：1357-1360.
ZHU L Y, LI L, JI G L, et al. Preparation and properties of Cu-4.0Ag alloy micro-fine wires [J]. Special Casting and Nonferrous Alloys, 2017, 37（12）：1357-1360.

[41] RYO N, KAZUNARI Y. Development of shaped copper magnet wire for hybrid motor by drawing [J]. Procedia Manufacturing, 2018（15）：209-216.

[42] 沈月，杨有才，张国全，等. 大变形对连铸 Cu-(2%-8%Ag) 合金力学性能及导电率的影响 [J]. 稀有金属材料与工程，2014，43（7）：1748-1753.
SHEN Y, YANG Y C, ZHANG G Q, et al. Effect of large deformation on mechanical property and electrical conductivity of Cu-(2%-8%) Ag alloys preduced by continuous casting [J]. Rare Metal Materials and Engineering, 2014, 43（7）：1748-1753.

[43] BENGHALEM A, MORRIS D G. Microstructure and Strength of Wire-drawn Cu-Ag Filamentary Composites [J]. Acta Materialia, 1997, 45（1）：397-406.

[44] 曹军，丁雨田，曹文辉. 单晶铜键合丝制备过程中的断线研究 [J]. 机械工程学报，2010，46（22）：84-89.
CAO J, DING Y T, CAO W H. Research of break line in single crystal copper bonding wire drawing [J]. Journal of Mechanical Engineering, 2010, 46（22）：84-89.

[45] 丁雨田，曹文辉，胡勇，等. 单晶铜超微细丝的断线分析及制备工艺 [J]. 特种铸造及有色合金，2008（4）：261-264.
DING Y T, CAO W H, HU Y, et al. Origination of wire breakage in ultra-fine single crystal copper wire drawing and its technical improvement [J]. Special Casting Nonferrous Alloys, 2008（4）：261-264.

[46] SAKAI Y, INOUE K, ASANO T, et al. Development of high-strength, high-conductivity Cu-Ag alloys for high-field pulsed magnet use [J]. Applied Physics Letters, 1991, 59（23）：2965-2967.

[47] HONG S I, HILL M A, SAKAIi Y, et al. On the stability of cold drawn, two-phase wires [J]. Acta Metallurgica Et Materialia, 1995, 43 (9): 3313-3323.

[48] HAN K, EMBURY J D, SIMS J R, et al. The fabrication, properties and microstructure of Cu-Ag and Cu-Nb composite conductors, Mater. Sci. Eng, 1999 (267): 99-114.

[49] 刘晓瑭, 刘培兴, 刘华鼐. 铜合金型线材加工工艺 [M]. 北京: 化学工业出版社, 2010.
LIU X T, LIU P X, LIU H N. Processing Technology of Copper Alloy Wire Rod [M]. Beijing: Chemical Industry Press, 2010.

[50] 温景林. 金属挤压与拉拔工艺学 [M]. 沈阳: 东北大学出版社, 2003.
WEN J L. Metal Extrusion and Drawing Technology [M]. Shenyang: Northeast University Press, 2003.

[51] 汪德涛. 润滑技术手册 [M]. 北京: 机械工业出版社, 1999.
WANG D T. Lubrication Technical Manual [M]. Beijing: Machinery Industry Press, 1999.

5 丝线材热处理技术

<<<<<<<<<<<<<<<<<<<<<<<<<<<<<<<<<<<<<<<<<<<<<<<<<<<<<<<<<<<<<<<<<<<<<<<<<

5.1 丝线材热处理工艺概述

对于丝线材热处理方面的研究，主要目的是解决其使用性能和工艺性能的调控难题。主要研究内容包括：开发微细丝线材连续拉拔过程在线退火工艺，探明热处理工艺参数对变形组织内应力的影响规律，保障连续拉拔稳定性；开发终端微细丝线材在线退火工艺，探明热处理工艺参数和丝线材张力对组织结构和表面质量的影响规律，获得优良内部组织和表面质量，实现微细丝线材伸长率精确控制，降低残余应力；开发丝线材形变热处理技术，揭示温度、时间、变形量对丝线材电导率、强度以及强化相特征演变的影响规律，提高了其力学性能和传导性能[1,2]。

以铜基微细丝线材为例，李贵茂等人[3]指出 Ag 在 Cu 中的固溶度是影响合金性能的一个重要元素，Ag 含量的升高导致 Cu-Ag 合金纤维增加，间距减小，合金强度升高，电导率有一定程度的降低，并说明 Cu-Ag 合金线材需要最终的退火工艺来提高综合性能；朱利媛等人[4,5]将 Cu-4.0Ag 合金无需中间退火直接从 $\phi 8mm$ 拉拔到 $\phi 0.05mm$，抗拉强度 1023.12MPa，电导率为 44.78MS/m；何钦生等人[6]发现对于 Cu-Ag 合金，采用低温退火有利于提升导电性能，而高温退火有利于力学性能提升；王英民等人[7]研究发现当 Ag 含量超过 6% 后抗拉强度明显上升，且合金经过多次拉伸后电导率会显著降低，通过热处理和拉拔结合的方法制备的 Cu-Ag 合金丝线材，抗拉强度 1.1GPa、电导率 80%IACS。

5.2 在线退火热处理对丝线材组织性能影响

丝线材制备过程的在线退火热处理一方面可以降低加工硬化效果，保证微细丝线材连续拉拔的进行；另一方面降低终端微细丝线材的残余应力，实现微细丝线材尺寸精度的精确控制。

本团队研究人员采用三室真空冷型竖引连铸方式制备了不同 Ag 含量的 Cu-Ag 合金原始杆坯，研究了连续拉拔过程中在线退火温度（440℃、480℃、520℃）对铜银合金丝线材电导率、显微硬度和微观组织的影响规律。

5.2.1 退火温度对丝线材性能影响

图 5-1 为 Cu-4Ag 和 Cu-20Ag 合金在不同退火温度下的电导率测试结果。从

图中可以看出：整体上，Cu-4Ag 合金退火后的电导率要高于 Cu-20Ag 合金，且 Cu-4Ag 合金电导率随退火温度升高增加趋势较缓，而 Cu-20Ag 合金对温度的敏感性更强。Cu-4Ag 合金在退火温度 440~500℃ 内电导率从 87.43%IACS 提升到 90.75%IACS，提升了 3.77%，在 480~520℃ 内电导率再次上升到 93.40%IACS，较 480℃ 提升了 2.92%，较 440℃ 提升了 6.83%；Cu-20Ag 合金在退火温度 440~500℃ 内电导率从 80.91%IACS 提升到 89.52%IACS，提升了 10.64%，在 480~520℃ 内电导率进一步提升到 91.89%IACS，较 480℃ 提升了 2.65%，较 440℃ 提升了 13.57%。同时，在 440℃ 退火时两种合金电导率差值较大，当退火温度达到 480℃ 和 520℃ 时，两种合金电导率相差不大。

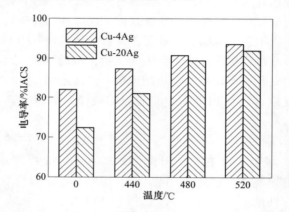

图 5-1　Cu-4Ag 合金和 Cu-20Ag 合金不同退火温度下电导率

Fig. 5-1　The electrical conductivity of Cu-4Ag and Cu-20Ag alloy

change under different annealing temperature

图 5-2 为 Cu-4Ag 和 Cu-20Ag 合金在不同退火温度下的显微硬度测试结果。从图中可以看出：Cu-20Ag 合金显微硬度随温度升高显著降低，而 Cu-4Ag 合金的显微硬度对温度敏感性较低，整体上 Cu-4Ag 合金降低幅度要高于 Cu-20Ag。退火温度从 440℃ 上升到 480℃ 时，Cu-20Ag 合金显微硬度 $HV_{0.1}$ 从 201.73 降到 157.03，降低了 22.16%；当退火温度升至 520℃，合金显微硬度进一步降到 147.28，较 480℃ 降低了 6.21%。Cu-4Ag 合金在 440~520℃ 整个退火过程中显微硬度 $HV_{0.1}$ 从 127.55 降到 100.25。同时，经 440℃、480℃ 和 520℃ 退火处理后，Cu-20Ag 合金显微硬度分别比 Cu-4Ag 合金高出 36.77%、23.36%、31.93%。

综上，未经退火时 Cu-20Ag 和 Cu-4Ag 合金性能差别较大，而在 480℃ 退火时合金电导率和硬度最为接近，此时 Cu-20Ag 合金电导率和硬度分别为 89.45% IACS 和 HV157.03。

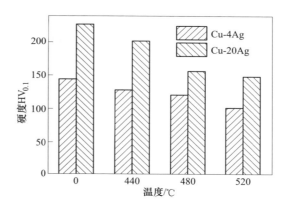

图 5-2　Cu-4Ag 合金和 Cu-20Ag 合金不同退火温度下显微硬度

Fig. 5-2　The microhardness of Cu-4Ag and Cu-20Ag alloy change under different annealing temperature

5.2.2　退火温度对丝线材显微组织影响

图 5-3 为 Cu-4Ag 和 Cu-20Ag 合金丝线材经过不同温度退火处理后的横截面组织。Cu-4Ag 合金在退火过程中 Ag 相以颗粒状形式存在，Ag 颗粒随着退火温度的升高并无显著变化；而 Cu-20Ag 合金中的 Ag 相形成了连续的网状结构，网状结构的 Ag 相在 520℃退火时出现了较为明显的聚集现象。

图 5-4 为 Cu-4Ag 和 Cu-20Ag 合金丝线材经过不同温度退火处理后的微观组织。两种合金 Ag 相均是以纤维状形式存在，相比于 Cu-4Ag 合金，Cu-20Ag 合金纤维相分布更密集，形态较长且粗。研究发现，当 Ag 含量较低时，合金中存在单一的固溶体 α-Cu 相，受到大变形的影响，在退火后 Ag 相沿晶界或者在基体内部少量析出，所以在横截面上呈细小的纤维形态，在横截面呈现细小的颗粒状；当 Ag 含量较高时，合金铸态组织有三种：初生 α 枝晶、共晶体和次生相，经大变形后共晶体和次生相直接成为纤维形态，以及退火后部分 Ag 相的析出。

根据第 3 章图 3-4 不同 Ag 含量的 Cu-Ag 合金结晶温度区间可知，Cu-20Ag 合金 Ag 含量已超过理想状态下的固溶度，所以 Cu-20Ag 合金中 Ag 相不仅固溶在铜基体中，还会以共晶体和次生相两种形式存在，经拉拔变形后变成细长的纤维状，两相结合界面处对合金电导率和硬度产生了较大影响，而退火工艺可以消减塑性变形造成的加工硬化效果，提高塑性变形能力。同时，高 Ag 含量的 Cu-20Ag 合金具有较多的纤维状共晶组织，且形成了网状结构，Ag 含量的增加使得

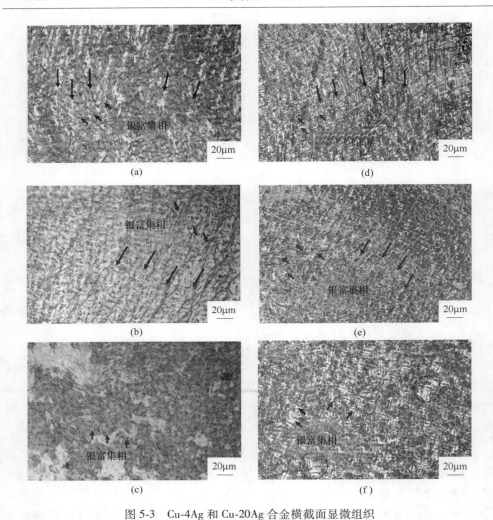

图 5-3   Cu-4Ag 和 Cu-20Ag 合金横截面显微组织
(a)（d）440℃；（b)（e）480℃；（c)（f）520℃
Fig. 5-3   Cross section microstructure of Cu-4Ag and Cu-20Ag alloy after annealed
(a)（d）440℃；（b)（e）480℃；（c)（f）520℃

两相纤维界面面积增大，一旦形成网状连续分布状态可对电子产生强烈的散射作用，电导率显著降低，且合金在高温退火过程中，能够促进较大的次生相析出，使合金中溶质及相界面的电子散射效应减小，且温度越高析出速率越快，所以 Ag 含量较高时合金电导率偏低。Ag 含量升高时显微硬度较高，则 Ag 含量增加，共晶组织增多，纤维状组织间距缩小，材料硬度增加；随着退火温度的升高，显微硬度则具有相反的退火行为，冷拉拔产生的加工硬化效果弱化，使得合金显微硬度显著下降。

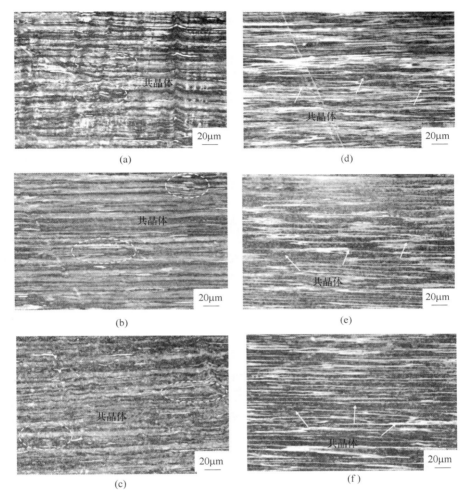

图 5-4　Cu-4Ag 和 Cu-20Ag 合金不同退火温度下纵截面微观组织

(a)（d）440℃；（b)（e）480℃；（c)（f）520℃

Fig. 5-4　Longitudinal section microstructure of Cu-4Ag and Cu-20Ag alloy after annealed

(a)（d）440℃；（b)（e）480℃；（c)（f）520℃

5.3　形变热处理对丝线材组织性能影响

　　金属基丝线材的导电性能和力学性能是其用于集成电路键合线、音视频线束、高可靠连机器的关键性能指标。然而，导电性能和力学性能往往此消彼长、难以兼顾[8~10]。如何在保持材料优异导电性能的前提下大幅提高力学性能，实现导电-力学性能的协调匹配，已成为高性能丝线材制备加工的技术瓶颈。

　　由于时效析出强化是在基体中加入固溶度随温度降低而明显减小的合金元

素，通过固溶处理后的时效过程实现过饱和固溶体分解，进而形成单质或化合物强化相从基体中析出实现强化[8,9,11~13]。因此，通过固溶+时效析出手段在基体中引入细小且弥散分布的强化相是获得高强高导丝线材的有效途径。

强化相的析出特征参量决定合金导电性能和力学性能：强化相能否从基体中充分脱溶析出决定了合金导电性能，强化相的充分析出使基体晶格畸变得到恢复，合金保持较好的电导率；强化相的结构、形貌、大小、间距、强化相/基体界面关系等析出特征参量决定了合金力学性能，强化相以单质或化合物形式从基体中充分析出并实现纳米级细小弥散分布，有效阻碍位错运动，从而大幅提高合金强度。

研究表明[14~16]：（1）引入的强化相大小必须是纳米级（50nm 以下），可起到强烈阻碍位错、晶界和亚晶界运动的作用，从而产生 Orowan 强化和细晶强化。（2）纳米级强化相必须是高度弥散分布。当强化相含量一定时，强化相越细小，则数量越多，间距也就越小。根据经典自由电子理论，若强化相平均间距大于基体金属的自由电子程，则高度弥散分布的纳米强化相对导电性能的影响甚微；若纳米强化相数量增多，以致其平均间距小于基体金属的自由电子程，则会对传导电子产生散射，降低合金导电性能。因此，强化相析出特征参量的设计调控是实现合金导电性能和力学性能协调匹配的关键。

然而，单一的固溶+时效热处理手段对丝线材的性能提升有限，为进一步提升其综合性能，往往在固溶、时效的同时加入冷变形，并通过改变其先后顺序形成不同的形变热处理工艺，冷变形的加入可以在基体内部产生高密度位错，为时效过程析出相的析出提供能量[17~19]。同时，可以充分发挥固溶强化、析出强化、形变强化的综合作用，在保持丝线材优异传导性能的同时提高其力学性能。

本团队研究人员[20~24]以热型水平连铸工艺制备的铜银合金为研究对象，对比研究了固溶（950℃×1h）、时效（450℃×4h）、冷拉拔变形等组合形变热处理工艺对铜银系丝线材导电性能和力学性能的影响规律，探明了固溶+时效、固溶+时效+冷拉拔、固溶+冷拉拔+时效等不同工艺条件下 Ag 粒子析出相的结构、形貌、大小、分布等特征参量的影响规律，揭示了时效析出强化与形变强化的复合强化机制。

5.3.1　固溶+时效对丝线材组织性能影响

图 5-5 为对拉拔态丝线材进行固溶+时效热处理后的导电性能和力学性能。从图中可以看出，同拉拔态相比，经固溶时效热处理后，合金电导率显著增加，而硬度和强度先降低后增加，最终合金时效态的电导率为80.8%IACS、显微硬度 $HV_{0.1}$93.8、抗拉强度 336MPa。

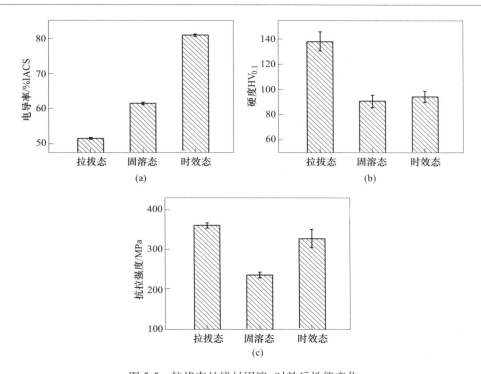

图 5-5　拉拔态丝线材固溶+时效后性能变化

（a）电导率；（b）显微硬度；（c）抗拉强度

Fig. 5-5　Properties of drawn wire after solid solution + aging

（a）Electrical conductivity；（b）Microhardness；（c）Tensile strength

图 5-6 为对拉拔态丝线材经固溶+时效热处理后的微观组织。从图中可以看出，经 85%冷拉拔变形后，合金晶粒被拉长且破碎，产生明显的由外向内的条纹；经高温固溶处理后，发生了回火再结晶，微观组织为细小的等轴晶；时效处理后晶粒更加细小。

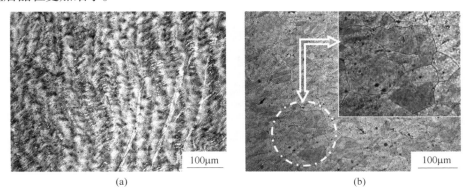

（a）　　　　　　　　　　　　　　　（b）

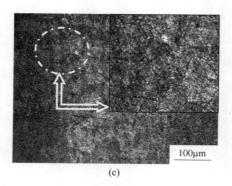

(c)

图 5-6　拉拔态丝线材固溶+时效微观组织

（a）拉拔态；（b）固溶态；（c）时效态

Fig. 5-6　Microstructure of wire drawn with solid solution + aging

（a）Drawing；（b）Solid solution；（c）Aging

图 5-7 为丝线材经拉拔态、固溶态和时效态的拉伸断口微观组织。从图中可

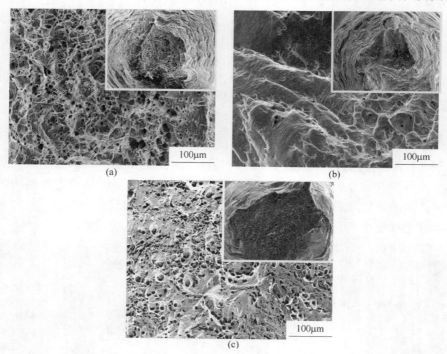

(a)　　　　　　　　　　　　　　　　　　(b)

(c)

图 5-7　丝线材不同状态断口微观组织

（a）拉拔态；（b）固溶态；（c）时效态

Fig. 5-7　Microstructure of fracture of wire rod in different states

（a）Drawing；（b）Solid solution；（c）Aging

以看出，拉拔变形后断口韧窝较深且密集，断口表面不平整；固溶后韧窝减少，出现大面积不平整界面，韧窝变浅变大；时效后断面较为平整，韧窝密集较深，韧窝周围能明显看到剪切线存在。

进一步地，重点研究了不同时效时间（450℃，保温 2h、4h、6h、8h）条件下析出强化相形态、大小、分布等特征参量的演变规律。图 5-8 为 Cu-3.5Ag 合金固溶态微观组织，铜基体中分布有少量位错外，无富 Ag 相颗粒，选 Ag 原子完全固溶到铜基体内形成过饱和固溶体。

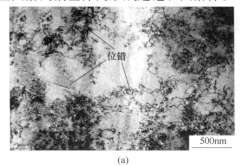

(a)   (b)

图 5-8　固溶态 Cu-3.5Ag 合金的微观组织

（a）明场像；（b）选区衍射花样

Fig. 5-8　Microstructure of Cu-3.5Ag alloy in solution state

（a）Bright-field image；（b）Selected area diffraction pattern

图 5-9 为 Cu-3.5Ag 合金经 450℃保温 4h 时效处理后的微观组织。大量富 Ag 相呈链状析出，且析出相周围存在晶体缺陷及大量位错，富 Ag 相与基体的位向关系为：$(002)_{Ag} /\!/ (002)_{Cu}$ 和 $[\overline{1}20]_{Ag} /\!/ [\overline{1}20]_{Cu}$，析出相和基体为半共格关系。图 5-9（c）暗场像中较多富 Ag 相形貌为圆球状，少数为排列紧密形成的短棒状，富 Ag 相平均直径为 17~19nm。大量富 Ag 相不连续析出，对位错阻碍作用大幅度加强；而随着固溶量持续降低，晶格畸变减少，电子散射作用减弱，此时，合金硬度和电导率都有较大提升。

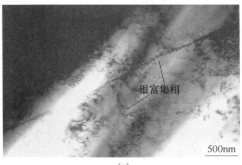

(a)   (b)

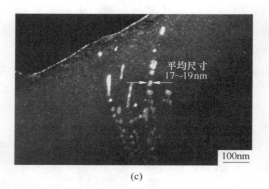

(c)

图 5-9　Cu-3. 5Ag 合金经 450℃×4h 时效后微观组织

(a) 明场像；(b) 选区衍射花样；(c) 暗场像

Fig. 5-9　Microstructure of Cu-3. 5Ag alloy aged at 450℃×4h

(a) Bright-field image；(b) Selected area diffraction pattern；(c) Dark-field TEM image

　　图 5-10 为 Cu-3. 5Ag 合金经 450℃×8h 时效处理后的微观组织。从图 5-10 (a)可以看到富 Ag 相有三种形态：大量圆球状或是短棒状沿链状分布；长度能够达到圆球状析出相 10-30 倍的长条形态；颗粒较大的黑色短棒状散乱分布。图 5-10 (b) 为析出相的暗场像，富 Ag 相排列基本平行，平均直径 22~25nm，但由于保温时间太长，发生了析出相聚集和长大。图 5-10 (c)、(d) 为析出相高分辨 TEM 相形貌及经傅里叶变换得到的 FFT 衍射花样图，衍射花样分析和标定出富 Ag 相与基体的位向关系为：$\{200\}_{Ag}//\{200\}_{Cu}$ 和 $\langle100\rangle_{Ag}//\langle100\rangle_{Cu}$，析出相和基体为半共格关系。此时固溶体脱溶完全，析出相聚集并粗化长大，形态也发生变化，使合金硬度降低；由于析出相对电子散射影响较小，电导率基本不变。

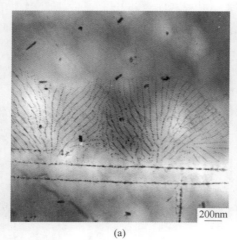

(a)

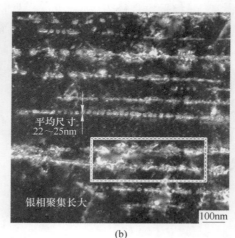

(b)

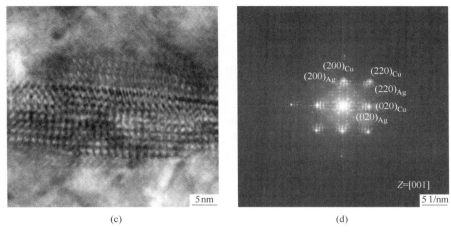

图 5-10 Cu-3.5Ag 合金经 450℃×8h 时效后微观组织

（a）明场像；（b）暗场像；（c）高分辨像；（d）高分辨像；（c）对应的 FFT 图

Fig. 5-10 Microstructure of Cu-3.5Ag alloy aged at 450℃×8h

（a）Bright-field image；（b）Dark-field TEM image；（c）HRTEM image；（d）FFT image of（c）

　　研究发现：单纯的固溶+时效工艺制备的 Cu-3.5Ag 合金中的位错开始积累并缠结成位错胞亚结构，形成直径 0.85μm 的等轴位错胞，大量位错缠结形成平均直径 0.23μm 的位错胞壁，析出相平均直径 18～20nm，部分 Ag 相为由多个颗粒组成的短条状，如图 5-11 所示。

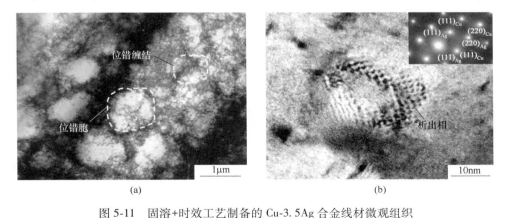

图 5-11 固溶+时效工艺制备的 Cu-3.5Ag 合金线材微观组织

Fig. 5-11 Microstructure of Cu-3.5Ag alloy wire prepared by solution+aging process

5.3.2 固溶+冷拉拔+时效对丝线材组织性能影响

　　图 5-12 为丝线材经固溶+冷拉拔+时效热处理后的性能变化。从图中可以看

出，同固溶态相比，固溶后增加冷拉拔变形可以提升合金性能，尤其对硬度和强度提升效果更为显著，在此基础上再进行时效，电导率进一步大幅度增加，力学性能同时有所增加。因此，固溶和时效之间增加冷拉拔变形，同单一的固溶+时效相比，合金获得了良好的综合性能：电导率 89.5%IACS，显微硬度 $HV_{0.1}$ 和抗拉强度分别为 169.7HV 和 541.6MPa。

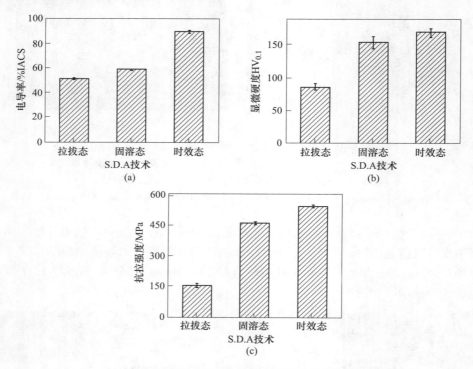

图 5-12　固溶+冷拉拔+时效对丝线材性能影响

（a）电导率；（b）显微硬度；（c）抗拉强度

Fig. 5-12　Effect of solid solution + cold drawing + aging on properties of wire

（a）Electrical conductivity；（b）Microhardness；（c）Tensile strength

图 5-13 为丝线材经固溶+冷拉拔+时效热处理后的晶粒形态变化。从图中可以看出，固溶态晶粒较为粗大，经过冷拉拔变形后大晶粒被拉拔成细长晶粒，内部出现大量亚结构；经过时效后晶粒仍存在明显的方向性，晶粒细小。

图 5-14 为固溶+冷拉拔+时效工艺制备的 Cu-3.5Ag 合金线材微观组织。从图中可以看出，固溶+冷拉拔+时效工艺制备的 Cu-3.5Ag 合金析出相易在位错处形核，析出相与基体位向关系为 {200}Cu // {200}Ag 和 ⟨100⟩Cu // ⟨100⟩Ag，时效前的冷变形为析出提供了能量储备，提高了析出速率和析出率，降低了固溶引起的较大晶格畸变，使得合金保持高电导率的同时力学性能大幅提升。

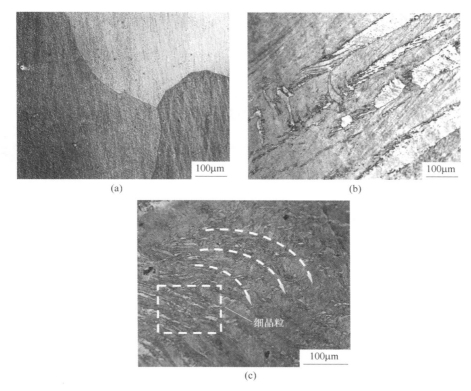

图 5-13 固溶+冷拉拔+时效对丝线材晶粒形态的影响

（a）固溶态；（b）拉拔态；（c）时效态

Fig. 5-13 Effect of solid solution + cold drawing + aging on grain morphology of wire

（a）Electrical conductivity；（b）Microhardness；（c）Tensile strength

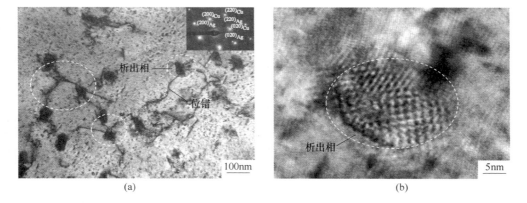

图 5-14 固溶+冷拉拔+时效工艺制备的 Cu-3.5Ag 合金线材微观组织

Fig. 5-14 Microstructure of Cu-3.5Ag alloy wire prepared by solution+cold drawing+aging process

5.3.3　固溶+时效+冷拉拔对丝线材组织性能影响

图 5-15 为固溶+时效+冷拉拔工艺制备的 Cu-3.5Ag 合金线材微观组织。从图中可以看出，微观组织中的位错胞尺寸减小，但位错胞数量明显增加，胞体周围还存在多条平行线和大量位错，析出物形貌有球形和圆柱形沉淀，拉拔后析出相尺寸减小，并存在弹性应变场和晶格畸变量，导致合金力学性能显著提高。

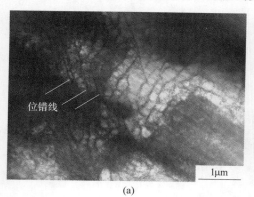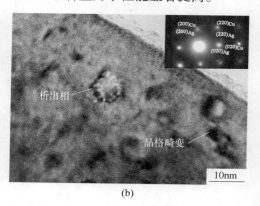

(a)　　　　　　　　　　　　　　　　(b)

图 5-15　固溶+时效+冷拉拔工艺制备的 Cu-3.5Ag 合金线材微观组织

Fig. 5-15　Microstructure of Cu-3.5Ag alloy wire prepared by solution+aging+cold drawing process

上述研究可以发现，电导率的提升主要依赖于固溶和时效，冷拉拔变形引起的加工硬化对合金导电率的影响并不大，对显微硬度和抗拉强度的提升效果显著，主要原因是冷拉拔变形会为析出相的析出进行能量储备，能够提高析出相的析出速率和效率。

进一步，通过 EBSD 技术探讨冷拉拔变形前后的晶粒和晶界特征。图 5-16（a1）和（b1）为不同时效温度下的晶粒取向展开图，图 5-16（a2）和（b2）直观展示了冷拔变形前后的塑性应变程度。在冷拉拔变形前，局部错向值在 0~1 范围内较大；冷拉拔变形后，局部方向差的分布呈山峰状，中间差异较大，末端差异较小；在 2~4 的范围内，局部错向趋于减少，分布更加均衡，峰值仅为 0.57。数值越高，表明塑性变形程度越大，形成高密度纹理的可能性也越大。如图 5-16（a3）和（a4）所示，冷拉拔变形前合金组织分布较为松散，Schmid 因子约为 0.42；冷拉拔变形后的试样纹理平行于拉拔方向，Schmid 因子约为 0.45，如图 5-16（b3）和（b4）所示。

冷拉拔变形后，晶粒不断细化、拉直、断裂，最终形成纤维，在此过程中，合金的不均匀变形、组织变形和纤维取向变化对合金的性能有很大的影响。从图 5-16（a2）和（b2）的局部方位差异可以看出这种影响。合金变形后，数据点较高的局部取向差增大，意味着平均位错密度增大，硬度和强度沿拉深方向显著增

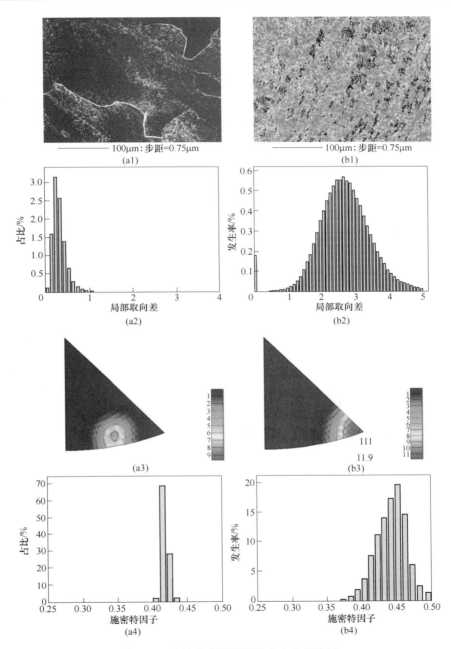

图 5-16 冷拉拔变形前后的合金组织特征

（a1）（b1）局部取向图；（a2）（b2）局部取向差；（a3）（b3）反极图；（a4）（b4）施密特因子

Fig. 5-16 Microstructure characteristics of alloy before and after cold drawing deformation

（a1）（b1）Grain orientation spread diagrams；（a2）（b2）Local misorientation histograms；

（a3）（b3）Inverse pole figures；（a4）（b4）Schmidt factors

大。由于再结晶的驱动力是回复后未释放的变形储能，因此相邻晶界之间的取向差会增大，成为大角度晶界（15°）。

通过对晶界的统计，可以发现变形后晶界角度差主要集中在 0°和 10°之间，如图 5-17（a）、（c）、（d）所示。非相邻晶界的取向差也有向小角度方向发展的趋势。因此，大变形储能可以为后续时效提供能量。同时，通过冷拉拔细化晶粒，如图 5-17（b）所示，在随后的时效过程中，可以形成更细的等轴晶，可以进一步改善合金的综合性能。

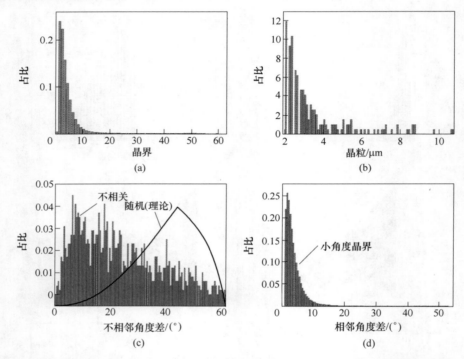

图 5-17　晶界角度统计（a）、晶粒尺寸（b）以及不相邻（c）与相邻（d）晶界角度差

Fig. 5-17　Grain boundary angle statistics（a），grain size（b）and non-adjacent

（c）and adjacent（d）grain boundary angle difference

5.4　本章小结

本章主要介绍了微细线材制备加工过程中的热处理工序，主要包括在线退火和形变热处理，探讨了拉拔过程中微细丝线材在线退火和终端产品在线退火的目的和作用，以及为提升丝线材综合性能而采用的形变热处理工艺特点和作用。

丝线材制备过程的在线退火热处理一方面可以降低加工硬化效果，保证微细丝线材连续拉拔的进行，另一方面降低终端微细丝线材的残余应力，实现微细丝线材尺寸精度的精确控制。团队研究人员采用三室真空冷型竖引连铸方式制备了不同 Ag 含量的 Cu-Ag 合金原始杆坯，重点介绍了退火温度（440℃、480℃、520℃）对 Cu-4Ag 和 Cu-20Ag 合金丝线材电导率、显微硬度和微观组织的影响规律。

（1）退火温度对电导率的影响。整体上，Cu-4Ag 合金退火后的电导率要高于 Cu-20Ag 合金，且 Cu-4Ag 合金电导率随退火温度升高增加趋势较缓，而 Cu-20Ag 合金对温度的敏感性更强。

（2）退火温度对硬度的影响。Cu-20Ag 合金硬度随温度升高显著降低，而 Cu-4Ag 合金的显微硬度对温度敏感性较低，整体上 Cu-4Ag 合金降低幅度要高于 Cu-20Ag。

（3）退火温度对微观组织的影响。Cu-4Ag 合金在退火过程中 Ag 相以颗粒状形式存在，Ag 颗粒随着退火温度的升高并无显著变化；而 Cu-20Ag 合金中的 Ag 相形成了连续的网状结构，网状结构的 Ag 相在 520℃退火时出现了较为明显的聚集现象。

随后，对比研究了固溶、时效、冷拉拔变形等组合形变热处理工艺对铜银系合金丝线材导电和力学性能的影响，重点介绍了固溶+时效、固溶+时效+冷拉拔、固溶+冷拉拔+时效等工艺条件下析出相结构、形貌、大小、分布等特征参量的变化规律，揭示了时效析出强化与形变强化的复合强化机制。

（1）同拉拔态相比，经固溶+时效热处理后，合金电导率为 80.8%IACS、显微硬度 93.8 $HV_{0.1}$、抗拉强度 336MPa，微观组织中形成了大量位错胞，析出相平均直径 18~20nm。

（2）固溶和时效之间增加冷拉拔变形，合金电导率 89.5%IACS，显微硬度和抗拉强度分别为 169.7 $HV_{0.1}$ 和 541.6MPa。时效前的冷变形为析出提供了能量储备，析出相易在位错处形核，提高了析出速率和析出率。

（3）固溶+时效+冷拉拔制备的丝线材微观组织中的位错胞尺寸减小，但位错胞数量明显增加，胞体周围还存在多条平行线和大量位错，析出物形貌有球形和圆柱形沉淀，拉拔后析出相尺寸减小，并存在弹性应变场和晶格畸变量，导致合金力学性能显著提高。

参 考 文 献

[1] 丁雨田，曹军，胡勇，等. 冷变形和热处理对单晶 Cu 键合丝性能影响［J］. 机械工程学报，2009，45（4）：83-88.
DING Y T, CAO J, HU Y, et al. Effects of annealing and drawing on properties of single crystal copper bonding wire［J］. Journal of Mechanical Engineering, 2009, 45（4）：83-88.
[2] 丁雨田，曹军，李来军，等. 热处理和冷变形对连续定向凝固 Cu-Ag 合金性能的影响

［J］. 兰州理工大学学报, 2006, 32 (5)：0013-0016.

DING Y T, CAO J, LI L J, et al. Effects of annealing and cold-working on properties of continually-unidirectionally solidified Cu-Ag alloy ［J］. Journal of Lanzhou University of Technology, 2006, 32 (5)：0013-0016.

［3］ 李贵茂, 柳艳, 李延增, 等. Ag 含量对 Cu-Ag 合金组织及性能影响研究 ［J］. 铸造技术, 2018, 39 (3)：530-532.

LI G M, LIU Y, LI Y Z, et al. Influence of Ag content on microstructure and properties of Cu-Ag alloys ［J］. Foundry Technology, 2018, 39 (3)：530-532.

［4］ 朱利媛. 高强耐蚀 Cu-4.0Ag 合金微细线加工工艺及性能研究 ［D］. 焦作：河南理工大学, 2018.

Zhu L Y. Study on the performances and fabrication methods of Cu-4.0Ag alloy fine wires with high strength and corrosion-resistance ［D］. Jiaozuo：Henan Polytechnic University, 2018.

［5］ 朱利媛, 李雷, 冀国良, 等. Cu-4.0Ag 合金微细线制备工艺及性能研究 ［J］. 特种铸造及有色合金, 2017, 37 (12)：1357-1360.

ZHU L Y, LI L, JI G L, et al. Preparation and properties of Cu-4.0Ag alloy micro-fine wires ［J］. Special casting and nonferrous alloys, 2017, 37 (12)：1357-1360.

［6］ 何钦生, 邹兴政, 李方, 等. Cu-Ag 合金原位纤维复合材料研究现状 ［J］. 材料导报 A, 2018, 32 (8)：2684-2700.

HE Q S, ZOU X Z, LI F, et al. Research status of Cu-Ag alloy in-situ filamentary composites ［J］. Material Report, 2018, 32 (8)：2684-2700.

［7］ 王英民, 毛大立. 形变纤维增强高强度高电导率的 Cu-Ag 合金 ［J］. 稀有金属材料与工程, 2001, 30 (4)：295-298.

WANG Y M, MAO D L. Deformed fiber strengthened high-strength and high-conductivity alloy ［J］. Rare Metal Materials and Engineering, 2001, 30 (4)：295-298.

［8］ 文靖瑜. 高强高导铜合金制备方法的研究现状及应用 ［J］. 金属材料与冶金工程, 2017 (3)：3-9.

WEN J Y. Study status and applications of preparation methods of high strength and high conductivity copper alloy ［J］. Metal Materials and Metallurgy Engineering, 2017 (3)：3-9.

［9］ 胡号旗, 许赪, 杨丽景, 等. 高强高导铜铬锆合金的最新研究进展 ［J］. 材料导报, 2018, 32 (3)：453-460.

HU H Q, XU C, YANG L J, et al. Recent advances in the research of high-strength and high-conductivity CuCrZr alloy ［J］. Materials Reports, 2018, 32 (3)：453-460.

［10］ 李鸿明, 董闯, 王清, 等. 电阻率与强度性能的关联及铜合金性能分区 ［J］. 物理学报, 2019, 68 (1)：197-209.

LI H M, DONG C, WANG Q, et al. Correlation between electrical resistivity and strength of copper alloy and material classification ［J］. Acta Physica Sinica, 2019, 68 (1)：197-209.

［11］ 胡特. 几种高强高导铜合金中析出强化相晶体学特征研究 ［D］. 长沙：湖南大学, 2014.

HU T. The Research on crystallographic characteristics of strengthening precipitates in some kinds of high strength and high conductivity copper alloys [D]. Changsha: Hunan University, 2014.

[12] ARDELL A J. Precipitation hardening [J]. Metallurgical Transactions A, 1985, 16A: 2131-2165.

[13] LIANG N, LIU J, Lin S, et al. A multiscale architectured CuCrZr alloy with high strength, electrical conductivity and thermal stability [J]. Journal of Alloys and Compounds, 2018, 735: 1389-1394.

[14] 汪明朴, 贾延琳, 李周, 等. 先进高强导电铜合金 [M]. 长沙: 中南大学出版社, 2015: 5-8.
WANG M P, JIA Y L, LI Z, et al. Advanced Copper Alloy with High Strength and Conductivity [M]. Changsha: Central South University Press, 2015: 5-8.

[15] 李周, 肖柱, 姜雁斌, 等. 高强导电铜合金的成分设计、相变与制备 [J]. 中国有色金属学报, 2019, 29 (9): 2009-2049.
LI Z, XIAO Z, JIANG Y B, et al. Composition design, phase transition and fabrication of copper alloys with high strength and electrical conductivity [J]. Transactions of Nonferrous Metals Society of China, 2019, 29 (9): 2009-2049.

[16] AMIRREZA K, REZA R. Dislocation-precipitate interaction map [J]. Computational Materials Science, 2018, 141: 153-161.

[17] 周延军. 低铍高导 Cu-0.2Be-0.8Co 合金组织性能演变规律 [D]. 西安: 西安交通大学, 2016.
ZHOU Y J. Properties and microstructure evolution of high conductivity Cu-0.2Be-0.8Co alloy with low beryllium [D]. Xi'an: Xi'an Jiaotong University, 2016.

[18] ZHOU Y J, SONG K X, XING J D, et al. Precipitation behavior and properties of aged Cu-0.23Be-0.84Co alloy [J]. Journal of Alloys and Compounds, 2016, 658: 920-930.

[19] ZHOU Y J, SONG K X, XING J D, et al. The mechanical properties and fracture behavior of Cu-Co-Be Alloy after plastic deformation and heat treatment [J]. Journal of Iron and Steel Research, International, 2016, 23 (9): 933-939.

[20] 孔令宝, 周延军, 宋克兴, 等. 拉拔变形和热处理对铜银合金组织性能的影响 [J]. 特种铸造及有色合金, 2020, 40 (10): 1160-1163.
KONG L B, ZHOU Y J, SONG K X, et al. Effect of cold drawing and heat treatment on microstructure and properties of Cu-Ag alloy [J]. Special-cast and Non-ferrous Alloys, 2020, 40 (10): 1160-1163.

[21] KONG L B, ZHOU Y J, SONG K X, et al. Effect of aging on properties and nanoscale precipitates of Cu-Ag-Cr alloy [J]. Nanotechnology Review, 2020, 9 (1): 70-78.

[22] 郭保江. 热型水平连铸制备高强高导铜银合金组织性能研究 [D]. 洛阳: 河南科技大学, 2020.06.
GUO B J. Microstructure and Properties of Cu Ag Alloy with High Strength and High Conductivity Prepared by Hot Mold Horizontal Continuous Casting [D]. Luoyang: Henan University of Science and Technology, 2020.

［23］郭保江，周延军，张彦敏，等. 时效时间对 Cu-3. 5Ag 合金性能及其纳米析出相特征的影响［J］. 材料热处理学报，2020，41（6）：55-61.

GUO B J, ZHOU Y J, ZHANG Y M, et al. Effect of aging time on properties and nano precipitates characteristics of Cu-3. 5Ag alloy［J］. Transactions of Materials and Heat Treatment, 2020, 41（6）: 55-61.

［24］孔令宝，周延军，宋克兴，等. 热处理对 Cu-0. 52Ag-0. 22Cr 合金组织和性能的影响［J］. 材料热处理学报，2019，40（12）：68-73.

KONG L B, ZHOU Y J, SONG K X, et al. Effect of heat treatment on microstructure and properties of Cu-0. 52Ag-0. 22Cr alloy［J］. Transactions of Materials and Heat Treatment, 2019, 40（12）: 68-73.

6 丝线材表面处理技术

6.1 丝线材常用表面处理工艺概述

电子封装是集成电路芯片生产完成后不可缺少的一道工序，是器件到系统的桥梁。集成电路和器件要求微电子封装具有优良的电、热、力学和光学性能，还必须具有高的可靠性和低的成本。

作为金线的替换方案，对单晶铜键合线的研究已经持续多年。尽管单晶铜键合线具有良好的力学性能、电学性能、热学性能、好的金属间化合物稳定性、价格低廉等诸多方面的优点，但是在实际的应用中还存在一些缺陷，例如，单晶铜键合丝容易氧化、存储时间短、高温高湿条件下可靠性差等[1,2]。

为了防止铜线氧化，进一步提高键合性能，国内外研究人员提出了在铜基丝线材表面浸镀一层熔点高、抗氧化性能优良的镀层材料，并开发出一系列表面处理技术。目前，国内生产表面涂镀贵金属膜铜基丝线材主要是采用传统的电镀技术和化学镀技术[3]。

6.1.1 电镀技术

电镀是通过电化学方法在丝线材表面沉积上一薄层金属或者合金的过程，以达到提高丝线材力学性能、耐腐蚀性能，或者赋予其特殊功能的一种表面处理技术。电镀时，被镀工件需要与直流电源的负极相连接，欲镀覆的特殊金属材料需要与直流电源正极连接在一起。随后，把它们同时放在电镀槽中，镀槽中的溶液就会含有欲镀覆的金属离子。此时，若接通直流电源，特殊的金属层便沉积在丝线材表面[3,4]。

国内的大部分镀钯铜线都是通过电镀方法生产出来的，而实际生产中，镀金、镀银、镀钯等贵金属普遍采用脉冲电镀。这是因为脉冲电镀能显著改善镀层的均匀性并且降低镀层的孔隙率，达到相同的厚度或者耐蚀性能时需要施镀的平均厚度较小，因而可以节约贵金属。

然而，电镀生产过程中产生的废水，含有酸性、碱性、氰等离子，还含有苯类、氨基类、硝基等有机物质，这些物质都具有很强的毒性，严重危害环境和人类。电镀废水的主要来源：一是镀件清洗水，这是主要的废水来源，这种水的浓度较低，但是数量较大，经常性排放；二是废镀液的排放，主要包括电镀工艺上所需要的倒槽、过滤镀液后的废弃液以及失效的电镀溶液等，这一部分废水数量不多，但是浓度高、污染大，而且回收利用价值较大；三是工艺操作、设备以及工艺流程的安排等原因造成的"跑、冒、滴、漏"液；四是冲洗地坪及设备等所产生的部分废水。

同时，对于小于 0.1mm 的微细丝线材，若采用传统电镀技术存在以下问题：（1）无法解决微细丝线材电镀工艺稳定性问题：电镀液循环流动造成丝线材摆动和电流波动，线张力加大易断线；（2）大直径线材（≥0.5mm）电镀+后续拉拔微细丝，镀层与本体变形不均易导致镀层脱落。

6.1.2　化学镀技术

化学镀技术是借助镀液中合适的还原剂，使金属阳离子在金属工件表面自催化作用下进行还原的沉积金属过程，也称为自催化镀或者无电解电镀。化学镀过程的本质就是氧化还原反应，有电子进行转移，但没有接外电源的化学沉积的过程。相对于电镀，化学镀具有以下一些优点：

（1）化学镀层厚度比较均匀，无论工件多么复杂，施行恰当的改进措施，就能够使镀层均匀一致。

（2）化学镀还可以用于多种基体，包含金属、非金属以及半导体。

（3）通过化学镀的方法制备的镀层力学性能、化学性能和磁性性能优异。

（4）有一些化学镀能够进行自动催化，采用这种化学镀可以制备任何一种厚度的镀层，甚至也可以电铸。

由于化学镀具有这些优点，所以获得了极为广泛的应用。化学镀最初开始应用于化学镀镍。目前，已经发展到化学镀铜、化学镀锡以及化学镀金、银、铂、钯等贵金属和多元合金。

虽然对化学镀工艺的研究及其应用方面都发展得非常迅速，其应用范围也越来越广泛，但是随之带来的环境污染问题，也引起了人们的注意。在化学镀的生产过程中会排放出大量的废液、废气和废渣等有害物质，尤其是排放出的废液含有过量的重金属离子、添加剂和络合剂等有机物质，这给化学镀后期的废水处理带来了很大的难度[4,5]。

6.2　微细丝线材表面纳米浸镀技术原理及特点

针对上述电镀、化学镀在进行微细丝线材表面镀覆稀贵金属膜存在的难题，本团队人员[1,2,4]开发了一种绿色环保并且能够替代电镀钯技术和化学镀钯技术的新型表面处理技术，即表面纳米浸镀技术，并成功应用在铜基微细丝线材表面浸镀一层惰性金属元素钯。

6.2.1　表面纳米浸镀技术原理

发明的微细丝线材绿色表面纳米浸镀技术原理是：首先通过添加各种化学物

质将纳米超细粉均匀分散悬浮在镀液中，并且使镀液具有高的润湿性和稳定性，其中，镀液中的表面活性剂包覆在纳米颗粒周围，通过空间位阻作用实现纳米颗粒之间的分散。然后，将微细丝线材浸入到专门配制的含有纳米金属粉的溶液中，然后通过烘干加热装置并优化加热沉积工艺参数，即可在铜线表面形成一层光滑平整的镀层。烘干的作用是溶液中的溶剂和其他有机物质挥发或者分解掉，只留下纯镀层黏附在铜线表面，在热处理的作用下，镀层完成烧结过程并伴随着晶粒长大和界面扩散，从而形成界面结合强度高并且光亮的表面纳米镀层。表面纳米浸镀原理图及装置分别如图 6-1 和图 6-2 所示。

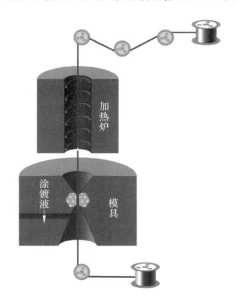

图 6-1　表面纳米浸镀工艺原理图

Fig. 6-1　Schematic diagram of surface nano immersion plating process

图 6-2　微细丝线材表面纳米浸镀装置

Fig. 6-2　The device of surface nano immersion plating for micro wire

6.2.2　表面纳米浸镀工艺特点

　　表面纳米浸镀技术相对于电镀、化学镀等技术来说，具有以下工艺特点[4,6]：

　　（1）工艺简单。采用表面纳米浸镀技术生产镀钯铜线，只需将铜线经过浸镀液，然后经过烘干和热处理即可，整体制造工艺比电镀方法更简单。

　　（2）质量稳定。采用表面纳米浸镀技术生产的镀钯铜线，具有高的延伸率和破断力、抗氧化性能、储存性能、可靠性、成球性和键合性能。相对于电镀钯铜线，表面纳米浸镀铜线具有好的表面质量、致密的镀层、高的延伸率和破断力、低的电阻率和高的电信号传输性能。

　　（3）成本较低。采用表面纳米浸镀技术生产的镀钯铜线，成本仅仅是电镀钯线和化学镀钯线的 11% 左右。

（4）绿色环保。表面纳米浸镀技术镀层中卤族元素含量非常少，仅为 0.44%，消除了铅、镉、汞、氰化物、溴化物等有害物质，被称为是"绿色电镀"或"无卤电镀"。

6.3　表面纳米浸镀工艺对微细丝线材组织性能影响

在表面纳米浸镀工艺对微细丝线材进行表面处理过程中，影响浸镀质量的主要工艺参数包括：纳米浸镀液的分散性、模具结构、浸镀速度、热处理温度等。

本团队研究人员[1,2,4,7~11]以铜基微细丝线材表面纳米浸镀钯为例，研究了金属纳米颗粒在浸镀液中的分散行为，探明了模具结构对镀钯铜线钯层厚度及表面质量的影响规律；研究了加热沉积温度对镀层厚度、镀层与基体界面结合强度、微细丝线材拉断力、伸长率的影响规律，优化了表面纳米浸镀工艺参数，并对浸钯铜线的可靠性、成球性和键合性进行了研究。

6.3.1　金属纳米颗粒在浸镀液中的分散行为

浸镀溶液的研究及配制对镀层质量的好坏具有重要影响。浸镀溶液的研究及配制主要包括溶液中各组分的选择、各组分的质量分数及各组分之间的相互作用。溶液中的各组分主要包括钯纳米粉、乳化剂或者表面活性剂、缓蚀剂、成膜剂、抗氧化剂、调节剂和溶剂，溶液中各组分的选择必须本着绿色、环保的原则，任何一种组分在 250℃ 挥发或者分解放出的气体必须对环境无污染并且对人体没有任何的毒害作用[4]。

6.3.1.1　纳米颗粒在溶液中润湿性能分析

由于纳米颗粒具有较大的比表面积和较高的比表面能，所以在制备和后处理过程中极易发生颗粒团聚，使得粒径变大，使其实际应用效果变差。因此，将纳米粉体颗粒分散在介质中制成高稳定性、低黏度的悬浮体系非常重要。纳米粉体颗粒在液体中的分散主要包括以下三个步骤：

（1）纳米粉体颗粒聚集体被溶液润湿。

（2）聚集体在化学作用力或者机械力作用下被打开成独立的原生单一颗粒或者较小聚集体。

（3）将原生单一颗粒或者较小的聚集体稳定，阻止其再次发生聚集。

针对含有纳米粉体颗粒的液体分散体系，为了达到良好的分散效果，需要在分散的过程中使每一个新形成的颗粒表面迅速被介质润湿，即被分散介质所隔离，以防止其重新发生聚集。此外，要求分散介质具有足够高的能量以防止颗粒间相互膨胀接触而发生重新团聚的现象。纳米粉体颗粒在液体中的润湿效果对于解决纳米粉体颗粒在液相介质中的分散问题非常重要。纳米粉体颗粒润湿过程的目的是使其表面上吸附的空气逐渐被分散介质所取代。影响颗粒润湿性能的因素很多，例如颗粒形状、表面吸附的空气量、表面化学极性、分散介质的极性等。

润湿为纳米粉体颗粒在液相介质中分散性好坏的关键控制步骤，良好的润湿性能可以使纳米粉体颗粒迅速地与分散介质互相接触，有助于颗粒的分散。润湿的过程可以认为是固/气界面的消失过程与固/液界面的形成过程，润湿热是指清洁的固体表面被液相润湿时所释放出的热能。润湿热描述了液相对固相的润湿程度，润湿热越大，润湿性就越好。因此，只有选择与之相匹配的分散剂，使纳米颗粒在润湿过程中的润湿热达到最大，纳米颗粒在溶液中的分散效果才有可能达到最佳。

同时，加入润湿剂有利于纳米粉体颗粒在溶液中的分散，可以降低固/液界面之间的张力，降低接触角，提高润湿效率以及液体对纳米颗粒的润湿速度。

6.3.1.2　纳米颗粒在溶液中的稳定性分析

分散体系的稳定性是指分散相浓度、体系黏度和密度、颗粒大小等有一定程度的不变性。对于含有钯纳米粉体颗粒的液体分散体系而言，其分散稳定性是指体系中钯纳米粉体颗粒尺寸大小、钯纳米粉体颗粒的浓度分布等性质保持不变。由于钯纳米颗粒的粒径在胶体的颗粒尺寸范围内，所以可以用胶体的稳定性理论进行探讨钯纳米颗粒在溶液中的分散性。

对于非水溶剂而言，大部分的有机溶剂都不可以发生离解现象而且其溶剂的离子化能力很低，因此，表面的电荷对钯纳米颗粒的分散悬浮起的作用非常有限。对这些溶剂体系来说，在不存在分散剂的情形之下，其分散性能只能由范德华力的强弱来决定，对乙醇等一些介电常数比较高的溶剂而言，粉体颗粒表面电荷依然还是存在的。因此，双电层排斥力所起的作用不可忽视。

6.3.2　模具结构对表面浸镀层厚度及表面质量影响

微细丝线材表面纳米浸镀过程中，模具孔径大小决定了镀层的厚度和镀钯铜线的表面质量[8,9]。纳米有机溶液从注液孔注入到模具中心孔的过程中，由于模具中心孔很小，纳米有机溶液由于表面张力作用易聚集在模具入口区。

分别采用 0.021mm、0.022mm、0.023mm、0.024mm、0.025mm 和 0.026mm 孔径模具进行表面纳米浸镀试验，图 6-3 为采用不同孔径模具进行表面纳米浸镀钯后的铜基微细丝线材表面形貌。由图 6-3（a）可知，对于 0.021mm、0.022mm 孔径模具，铜线经过浸镀后钯层没有完全覆盖铜线表面，有部分露铜现象；对于 0.023mm、0.024mm 孔径模具，浸镀钯铜线表面光洁完好，镀层均匀，如图 6-3（b）所示；对于 0.025mm、0.026mm 孔径模具，浸镀钯铜线表面出现颗粒状凸起，该凸起为纳米有机溶液在线材上残留较多所致，如图 6-3（c）所示。由此，当模具孔径尺寸大于线径尺寸 3~4μm 时，镀层表面较好。图 6-3（d）为键合铜线镀层厚度 FIB 测试，镀层厚度为 96nm，且镀层非常均匀。

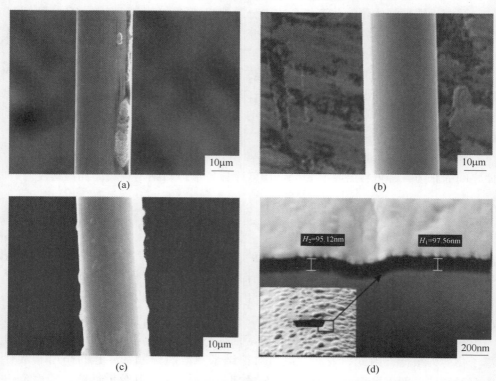

图 6-3　不同孔径模具进行表面纳米浸镀钯后的铜线表面形貌[8,9]

（a）0.021mm、0.022mm；（b）0.023mm、0.024mm；

（c）0.025mm、0.026mm；（d）镀层厚度

Fig. 6-3　Surface morphology of copper wire after surface nano

palladium plating with different aperture dies[8,9]

（a）0.021mm、0.022mm；（b）0.023mm、0.024mm；

（c）0.025mm、0.026mm；（d）Plating thickness

6.3.3　热处理对表面纳米浸镀组织性能的影响

本团队研究人员[9~11]研究了加热沉积温度对镀层厚度、镀层与基体界面结合强度、微细丝线材拉断力、伸长率的影响规律，优化了表面直接镀钯工艺参数：热处理温度 450℃ 时，钯层与铜基体之间形成了均匀致密的 Pd_3Cu_5 金属间化合物，钯层厚度 77.3~79.1nm（见图 6-4）。

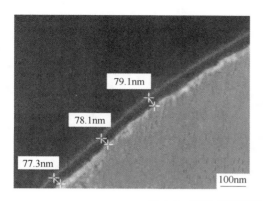
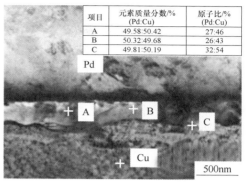

项目	元素质量分数/% (Pd:Cu)	原子比/% (Pd:Cu)
A	49.58:50.42	27:46
B	50.32:49.68	26:43
C	49.81:50.19	32:54

图 6-4　铜线表面镀钯层厚度及成分组成[9]

Fig. 6-4　Plating thickness and composition of palladium coating on copper wire surface[9]

当热处理温度为 430℃和 450℃时，镀钯铜线表面的钯原子向铜基体扩散加快，镀钯层厚度由 117nm（430℃）减少至 78nm（450℃），并在界面形成部分 Pd_3Cu_5 金属间化合物层，镀钯铜线拉断力增加；进一步增加热处理温度至 500℃，镀钯铜线基体内部开始再结晶，并伴随晶粒长大，同时线材拉断力降低为 0.073N，伸长率降低至 11.6%；热处理温度为 450℃时，镀钯铜线具有优良的力学性能且钯层与基体的结合强度、钯层厚度等均满足使用要求。

图 6-5 为不同热处理温度下的 Ag-4Pd 键合合金线组织结构。在 250℃热处理 2s 后，Ag-4Pd 键合合金线的拉断力下降，伸长率增加，但变化幅度较小，仍保留有大量的变形组织；在 300℃热处理 2s 后，Ag-4Pd 键合合金线仍保留有部分变形组织，进入回复阶段；在 350℃下处理 2s 后，Ag-4Pd 键合合金线形变组织基本消失；在 400℃下热处理 2s 后，试样组织形貌已由冷拔态下的纤维状组织转变为等轴晶组织，进入再结晶阶段。

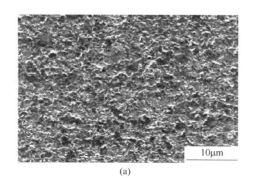
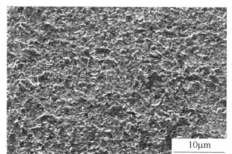

(a)　　　　　　　　　　　　　　　　　　(b)

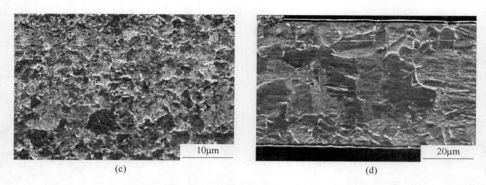

(c)   (d)

图 6-5   不同热处理温度下的 Ag-4Pd 键合合金线组织结构[10]

(a) 250℃；(b) 350℃；(c) 400℃；(d) 550℃

Fig. 6-5   Microstructure of Ag-4Pd bonded alloy wire at different heat treatment temperatures[10]

(a) 250℃；(b) 350℃；(c) 400℃；(d) 550℃

6.4   本章小结

本章首先介绍了丝线材常用的电镀和化学镀表面处理工艺及其局限性，其中，对于小于 0.1mm 的微细丝线材，若采用传统电镀技术存在以下问题：

（1）无法解决微细丝线材电镀工艺稳定性问题：电镀液循环流动造成丝线材摆动和电流波动，线张力加大易断线；

（2）大直径线材（≥0.5mm）电镀+后续拉拔微细丝，镀层与本体变形不均易导致镀层脱落。

同时，电镀和化学镀都存在环境污染问题。

然后，针对电镀和化学镀在进行微细丝线材表面镀覆稀贵金属膜存在的难题，重点介绍了团队开发的微细丝线材绿色环保表面纳米浸镀技术的工艺原理和技术特点，表面纳米浸镀技术相对于电镀、化学镀等技术，具有工艺简单、制备的丝线材质量稳定、成本较低、绿色环保等特点。

最后，以铜基微细丝线材表面纳米浸镀钯为例，介绍了金属纳米颗粒在浸镀液中的分散行为，探明了模具结构对镀钯铜线钯层厚度及表面质量的影响规律；介绍了加热沉积温度对镀层厚度、镀层与基体界面结合强度、微细丝线材拉断力、伸长率的影响规律，优化了表面纳米浸镀工艺参数，并对浸钯铜线的可靠性、成球性和键合性进行了研究。

（1）影响表面纳米浸镀工艺稳定性的主要因素包括：金属纳米颗粒在浸镀液中的分散行为、模具结构、热处理温度等。其中，金属纳米颗粒在浸镀液中的分散行为包括纳米颗粒在溶液中润湿性能和稳定性，浸镀溶液的研究及配制主要包括溶液中各组分的选择、各组分的质量分数及各组分之间的相互作用。

（2）模具孔径大小决定了镀层厚度和镀钯铜线表面质量。纳米有机溶液从注液孔注入到模具中心孔的过程中，由于模具中心孔很小，纳米有机溶液由于表面张力作用易聚集在模具入口区，当模具孔径尺寸大于线径尺寸 $3\sim4\mu m$ 时，镀层表面较好。

（3）当热处理温度 450℃时，钯层与铜基体之间形成了均匀致密的 Pd_3Cu_5 金属间化合物，钯层厚度 $77.3\sim79.1nm$。

参 考 文 献

［1］丁雨田，孔亚南，曹军，等. 镀钯铜线的制作工艺及性能研究［J］. 铸造技术，2013，34（2）：142-145.
DING Y T, KONG Y N, CAO J, et al. Research on producing process and performance of Pd-coated copper wire［J］. Foundry Technology, 2013, 34（2）: 142-145.

［2］丁雨田，胡勇，孔亚南，等. 浸镀速度和烘干温度对镀银铜线表面质量的影响［J］. 兰州理工大学学报，2014，40（1）：1-4.
DING Y T, HU Y, KONG Y N, et al. Influence of temperature and speed to the surface quality of silver-coated copper wire［J］. Journal of Lanzhou University of Technology, 2014, 40（1）: 1-4.

［3］梁志杰. 现代表面涂覆技术［M］. 2 版. 北京：国防工业出版社，2010：1-10.
LIANG Z J. Modern Surface Coating Techniques［M］. Beijing: National Defense Industry Press, The second edition, 2010: 1-10.

［4］孔亚南. 镀钯铜线的制备工艺及性能研究［D］. 兰州：兰州理工大学，2013.
KONG Y N. The research on manufacturing process and properties of palladium coated copper wire［D］. Lanzhou: Lanzhou University of Technology, 2013.

［5］李宁. 化学镀实用技术［M］. 北京：化学工业出版社，2000：1-7.
LI N. Practical Electroless Plating Technology［M］. Beijing: Chemical Industry Press, 2000: 1-7.

［6］TOMOHIRO U, KIMURA. Semiconductor device bonding wire and wire bonding method［P］. United States Patent Application Publication. 2010, 0327450.

［7］CAO J, DING Y T. Investigation of mechanical properties and bonding parameters of copper wire bonding［J］. Microelectronics Reliability, 2011, 55: 60-66.

［8］曹军，范俊玲，高文斌. 不同模具参数对极细 Ag-Pd 键合合金线拉制质量的影响［J］. 热加工工艺，2016，45（17）：39-42.
CAO J, FAN J L, GAO W B. Effects of different die parameters on fine Ag-Pd bonding wire drawing quality［J］. Hot Working Technology, 2016, 45（17）: 39-42.

［9］曹军. 键合铜线性能及键合性能研究［D］. 兰州：兰州理工大学，2012.
CAO J. Study on properties and bonding properties of copper wire［D］. Lanzhou: Lanzhou University of Technology, 2012.

［10］曹军，吴卫星，张灿，等．热处理温度对 Ag-4Pd 合金线性能及组织的影响［J］. 材料热处理学报，2018，39（8）：44-48.

CAO J，WU W X，ZHANG C，et al. Effects of heat treatment temperature on properties and microstructure of Ag-4Pd alloy bonding wire［J］. Transactions of Materials and Heat Treatment，2018，39（8）：44-48.

［11］丁雨田，胡勇，孔亚南，等．浸镀速度和烘干温度对镀银铜线表面质量的影响［J］. 兰州理工大学学报，2014，40（1）：1-4.

DING Y T，HU Y，KONG Y N，et al. Influence of temperature and speed to the surface quality of silver-coated copper wire［J］. Journal of Lanzhou University of Technology，2014，40（1）：1-4.

7 丝线材性能测试技术

<<<<<<<<<<<<<<<<<<<<<<<<<<<<<<<<<<<<<<<<<<<<<<<<<<<<<<<<<<<

7.1 化学成分

7.1.1 微细丝线材化学分析特点

由于微细丝线材线径较细，对其成分的检测分析和控制主要是在杆坯连铸过程中。以热型水平连铸或冷型竖引连铸制备的铜基杆坯为例，其成分化学分析涉及 30 多个元素，具有两个特点：一是铜合金杆坯要求分析高达 50%~60% 乃至99.98%以上的基体元素铜含量，这就要采用精确的电解重量分析方法；二是铜基杆坯因其导电性能是关键指标，除了分析主元素成分外，还需要分析 O、S、P 等 ppm 级的微量杂质元素，分析难度较大[1,2]。

7.1.2 化学分析方法标准

目前专门针对微细丝线材成分检测的标准尚处空白，对于杆坯成分的检测主要还是参照相应合金的成分检测标准和方法。以铜基杆坯化学成分的检测为例，主要参照国家标准 GB/T 5121—2008《铜及铜合金化学分析方法》，该标准涉及28 个元素，共 33 个分析方法[3~5]。这些方法分类见表 7-1。

表 7-1 GB/T 5121—2008 各元素分析方法及测量范围

Table 7-1 GB/T 5121—2008 Analysis methods and measurement ranges of each element

元素	分析方法	测定含量（质量分数）范围/%
Cu	直接电解-原子吸收光谱法	50.00~99.00
	高锰酸钾氧化碲-电解-原子吸收光谱法	>98~99.9
	电解-分光光度法	99.00~99.98
p	磷钼杂多酸-结晶紫	0.00005~0.0005
	钼蓝分光光度法	0.0002~0.12
	钒钼黄分光光度法	0.010~0.50
Pd	塞曼效应电热原子吸收光谱法	0.0001~0.0015
	火焰原子吸收光谱法	0.0015~5.00
C	燃烧碘酸钾滴定法	0.0004~0.002
	红外线吸收法（C、S 连测）	0.001~0.03

元素	分析方法	测定含量（质量分数）范围/%
S	燃烧碘酸钾滴定法	0.0004~0.002
	红外线吸收法（C、S 连测）	0.001~0.03
Ni	塞曼效应电热原子吸收光谱法	0.0001~0.001
	火焰原子吸收光谱	0.001~1.5
	EDTANa2 滴定法	1.50~45.00
Bi	氢化物-无色散原子荧光光谱法	0.00001~0.0005
	二氧化锰富集-原子吸收光谱法	0.0005~0.004
As	氢化物-无色散原子荧光光谱法	0.0000~0.001
	萃取-铝蓝分光光度法	0.0010~0.10
O	红外线吸收法	0.0003~0.11
Fe	塞曼效应电热原子吸收光谱法	0.0001~0.002
	1，10-二氮杂菲分光光度法	0.0015~0.50
	重铬酸钾滴定法	0.50~7.00
Sn	塞曼效应电热原子吸收光谱法	0.0001~0.002
	苯基荧光酮-聚乙二醇辛基苯基醚分光光度法	0.0010~0.50
	碘酸钾滴定法	0.50~10.00
Zn	火焰原子吸收光谱法	0.00005~2.00
	4-甲基-戊酮-2 分离-EDTANa2 滴定法	2.00~6.00
Sb	氢化物-无色散原子荧光光谱法	0.00005~0.002
	结晶紫分光光度法	0.0010~0.07
Al	铬天青 S 分光光度法	0.0010~0.50
	苯甲酸分离 EDTANa2 滴定法	0.50~12.00
Mn	塞曼效应电热原子吸收光谱法	0.00005~0.001
	高碘酸钾光度法	0.030~2.50
	硫酸亚铁铵滴定法	2.50~15.00
Co	塞曼效应电热原子吸收光谱法	0.0001~0.002
	火焰原子吸收光谱法	0.002~3.00
Cr	塞曼效应电热原子吸收光谱法	0.00005~0.001
	火焰原子吸收光谱法	0.050~1.30
Be	羊毛铬青 R 分光光度法	0.1~2.50
Mg	火焰原子吸收光谱法	0.015~1.00
Ag	火焰原子吸收光谱法	0.0002~1.30
Zr	二甲酚橙分光光度法	0.10~0.70

元素	分析方法	测定含量（质量分数）范围/%
Ti	过氧化氢分光光度法	0.050~0.30
Cd	塞曼效应电热原子吸收光谱法	0.00005~0.001
	火焰原子吸收光谱法	0.50~1.50
Si	萃取-钼蓝光度法	0.0001~0.025
	钼蓝分光光度法	0.025~0.40
	重量法	0.40~5.00
Se	氢化物原子荧光法（Se、Te 连测）	0.0005~0.0003
Te	氢化物原子荧光法（Se、Te 连测）	0.0005~0.0003
	火焰原子吸收光谱法	0.1~1.00
Hg	冷原子吸收光谱法	0.0001~0.15
B	姜黄素分光光度法	0.001~0.025

在行业标准方面，先后制定了铜及铜合金化学成分光电直读光谱法、X 射线荧光光谱法、离子发射光谱法等行业分析方法标准。这些标准的制定，不仅规范仪器分析过程，保证检测质量，而且也会推动仪器分析在铜合金化学分析的进一步应用。这些内容将在后面相关章节中介绍。

7.1.3 化学分析取样要求

对于微细丝线材杆坯的所取试样应具有代表性，与所代表的不同连铸批次的杆坯以及同一连铸杆坯的不同部位化学组成相同、物理性能相同，样品的物理性能（组织、结构、密度、表面等）和化学组成应比较均匀，因为检测时称取的样品质量很少，如果样品中各组分不均匀，被检测的部位就不能真正代表样品实际成分。

同时，按照标准规定的取样部位、取样数量、取样方法进行取样，所取的样品不能有严重氧化、污染和夹杂。为了保证检测结果的准确性，需要根据使用的检测方法确定取样量，或者根据样品的量选择检测方法。

7.1.4 检测结果有效性判定

由于操作、环境、仪器等因素影响，对同一个样品的每一次检测，都可能与前一次的检测值有差异。

（1）检测的重复性。测量结果的重复性是指在相同测量条件下，对同一被测量物进行连续多次测量，所得结果之间的一致性。在重复性条件下获得的两次独立测试结果的测试值绝对差值不超过重复性限 r，超过重复性限 r 的情况不超过 5%。

（2）检测的再现性。测量结果的再现性是指在不同测量条件下，对同一被测量进行多次测量所得结果之间的一致性。

如在不同的实验室中，使用同一个检测方法，检测同一样品。此时，观测者、测量仪器、测量地点是不同的，对于不同实验室报出的结果，要用再现性限 R 来判断其有效性。

在再现性条件下获得的两次独立测试结果的测试值的绝对差值不超过再现性限 R，超过再现性限 R 的情况不超过 5%。

7.2　导电性能

微细丝线材作为信号传输的重要导体材料，其导电性能是其关键的物理性能指标。表征材料导电性能的参数常见的有电阻、电导、电阻率、电导率，以及电阻温度系数、电阻率温度系数等。

7.2.1　影响电阻率的因素[1,3]

（1）温度。金属丝线材的电阻率取决于电子的平均自由时间。对于特定金属自由电子密度一定时，电子与障碍物碰撞频率越高，次数越多，自由时间越短，则电阻率越高。电子运动的障碍主要有在晶格平衡位置附近做热振动的原子和金属中的杂质及缺陷。根据马西森定理，金属的电阻率分为取决于热振动的电阻率（声子电阻率）和杂质/缺陷的电阻率（剩余电阻率）。温度升高，原子热振动加剧，声子电阻率升高，而剩余电阻率不变，则总电阻率升高。

（2）缺陷。金属丝线材中的各种缺陷造成晶格畸变引起电子散射，从而影响导电性。Gschneidner Karl 及 Lannou M 等人曾做过专题论述。表 7-2 为四种不同类型的缺陷对金属电阻率的贡献。由表可见，位错与点缺陷（空位及间隙原子）相比对电阻率 ρ 的贡献极小。所以在研究缺陷对电阻率 ρ 的影响时，主要应研究点缺陷的影响。金属中空位的浓度主要是由温度决定的。真实金属丝线材在任何温度下，总存在着线缺陷（位错）与点缺陷的平衡浓度，因为在不同的温度下，各种类型缺陷的形成能与激活能不同。在任何温度下，空位的形成能均较其他缺陷的低，故空位的浓度高，其对电阻率 ρ 的影响也最大。

表 7-2　各种晶格缺陷对铜电阻率的贡献

Table 7-2　Contribution of various lattice defects to the resistance of copper

缺陷类型	电阻率 ρ 增大量	Cu
空位	1%原子点缺陷对 ρ 的贡献 （$\mu\Omega \cdot cm$%原子）	1.6
间隙原子	1%原子点缺陷对 ρ 的贡献 （$\mu\Omega \cdot cm$%原子）	2.5

缺陷类型	电阻率 ρ 增大量	Cu
晶界	单位体积内单位晶界面积对 ρ 的贡献 （$10^{-9}\mu\Omega \cdot cm/cm^2/cm^3$）	31.2
位错	单位体积内单位位错长度对 ρ 的贡献 （$10^{-13}\mu\Omega \cdot cm/cm/cm^3$）	1.0

（3）合金元素。微细丝线材中合金元素的加入，如果对自由电子密度、晶体结构没有影响，则声子电阻率不变，而剩余电阻率升高，总电阻率升高；如果合金元素的加入，显著地改变了自由电子密度和晶体结构，比如使自由电子数减少，则电阻率升高；晶格规则性加强，则电阻率反而降低。

（4）冷加工。对于微细丝线材而言，连续拉拔过程使晶格发生畸变，产生缺陷，导致电阻率升高；如果冷拉拔加工使晶粒产生择优取向，就要做具体分析。

（5）热处理。一般来说，丝线材的在线退火使畸变回复，则电阻率降低；如果热处理使晶体结构、微观组织发生变化则需要具体分析，比如再结晶退火时，晶粒细化，晶界所占比例增加，晶界处晶格畸变严重，则电阻升高。

7.2.2 测量方法

微细丝线材电阻的测量方法有直接读数的伏安法、单电桥法、双电桥法、电位差计法等，对于线径较大的铸态杆坯试样可以采取涡流法测试电导率。

7.2.2.1 双电桥法[6,7]

从被丝线材试样切取长度不小于 1m，试样在测量前，应预先清洁其连接部位的导体表面，去除附着物、污秽和油垢。

测试时，试样应在温度为 15~25℃ 和空气湿度不大于 85% 的试验环境中放置足够长的时间，在试样放置和试验过程中，环境温度的变化应不超过±1℃。

试验时电阻测量误差应不超过±0.5%，例行试验时电阻测量误差应不超过±2%。

应在双臂电桥的一对电位夹头之间的试样上测量试样长度，型式试验时测量误差应不超过±0.15%，例行试验时测量误差应不超过±0.5%。

当试样的电阻小于 0.1 时，应注意消除由于接触电势和热电势引起的测量误差。

对微细丝线材进行测量时，在满足试验系统灵敏度要求的情况下，应尽量选择最小的测试电流以防止电流过大而引起导体升温。推荐采用电流密度，铜导体应不大于 $1.0A/mm^2$，可用比例为"1:1.41"的两个测量电流，分别测出试样的电阻值。

7.2.2.2　涡流法[8]

涡流法适合于线径较大的连铸杆坯试样。涡流法的原理为当载有交变电流的线圈（也称探头）接近导电材料表面时，由于线圈交变磁场的作用，在材料表面和近表面感应出旋涡状电流称为涡流。材料中的涡流又产生自己的磁场反作用于线圈，这种反作用的大小与材料表面和近表面的电导率有关，通过涡流电导率仪可直接检测出非铁磁性导电材料的电导率。

涡流电导率仪的测试频率一般在 50～1000kHz 之间，本标准优选 60kHz 和 120kHz。

涡流电导率仪的测试范围应不小于 4% IACS～103% IACS。

涡流电导率仪的测量精度应为±1% IACS。

对于线材或棒材直径要大于探头的尺寸方可进行测量。

采用涡流法测量试样电导率，对材料要求试样材质应均匀、无铁磁性；试样检测面应为平面，表面粗糙度 R_a 不大于 6.3μm。检测面应光滑，清洁，无氧化皮、油漆、腐蚀斑、灰尘和镀层等。

试样厚度应不小于有效渗透深度。当厚度小于有效渗透深度时，可多层叠加后再进行电导率测试。叠加后的试样总厚度应不小于有效渗透深度，但叠加层数不能多于 3 层。叠加时，各层间必须紧密贴合，各层间无间隙、且能互换测试。

应尽量采用试样原始表面进行电导率测试，如确需进行表面处理，应确保试样表面不产生加工硬化。

被检试样的最小厚度应大于或等于其有效渗透深度。不同电导率的试样，采用不同检测频率时所对应的标准渗透深度以及最小取样厚度参见 GB/T 32791—2016 附录 B。

7.3　力学性能

7.3.1　室温抗拉强度和断后伸长率[1,9,10]

金属材料的力学性能是指金属在外加载荷作用下或载荷与环境因素（温度、介质和加载速率）联合作用下所表现的行为。宏观上一般表现为金属的变形和断裂。国家标准定义金属力学性能是指"金属在力作用下所显示与反映弹性和非弹性相关或涉及应力应变关系的性能"。金属力学性能的高低，表征金属抵抗各种损伤作用能力的大小，是评定金属材料质量的主要判据，也是金属制件设计时选材和进行强度计算的主要依据。

拉伸试验是标准拉伸试样在静态轴向拉伸力不断作用下，以规定的拉伸速度拉至试样断裂，并在拉伸过程中连续记录力与伸长，从而求出其强度判据和塑性判据的力学性能试验。

丝线材拉伸试验中通常测定的强度指标有抗拉强度和屈服强度，塑性指标有断后伸长率和断面收缩率。

7.3.1.1　试验原理

试验采用拉力拉伸试样，一般拉至断裂测定一项或几项力学性能。

试验一般在室温 10~35℃ 范围内进行。对温度要求严格的试验，试验温度应为 23℃±5℃。

测量直径小于 0.25mm 的线材时，试验机测量误差符合 JJG 157 或 JJG 199 中有关规定。试验机的精度应满足Ⅰ级要求；测量线材直径大于 0.25mm 时，试验机的测力系统应按照 GB/T 16825.1 进行校准，并且其准确度应为 1 级或优于 1 级。引伸计的准确度级别应符合 GB/T 12160 的要求。

7.3.1.2　拉伸试样

拉伸试样是指样坯经机加工或不经机加工而提供拉伸试验用的一定尺寸的样品。拉伸试样的形状和尺寸，应根据试验材料的形状及其用途，便于安装引伸计和形成轴向均匀应力状态等原则来确定。丝线材拉伸试样一般采用圆形横截面比例试样。为了形成单向应力状态，试样的纵向尺寸要比横向尺寸大得多。

如试样的夹持端与平行长度的尺寸不相同，它们之间以过渡弧连接。建议按表 7-3、表 7-4 中的规定执行。试样夹持端的形状应适合试验机的夹头。试样轴线应与力的作用线重合。试样平行长度或试样不具有过渡弧时，夹头间的自由长度应大于原始标距。机加工试样横向尺寸公差应符合 GB/T 228—2010 的要求。

如试样为未经机加工的产品试样的一段长度，其两夹头间的长度应足够，以使原始标距的标记与夹头有合理的距离，参见 GB/T 228—2010 或 GB/T 10573—1989。

不经机加工试样的平行长度：试验机两夹头间的自由长度应使试样原始标距的标记与最接近夹头间的距离不小于 $1.5d$ 或 $1.5b$；圆形横截面和矩形横截面比例试样分别采用表 7-4 的试样尺寸。

原始横截面面积 S_0 的测定：应根据测量的原始试样尺寸计算原始横截面面积。对于圆形横截面试样，应在标距的两端及中间三处两个相互垂直的方向测量直径，取其算术平均值，取用三处测得的最小直径。

7.3.1.3　直径（对边距）小于 4mm 线材使用试样

原始标距为 200mm 和 100mm。试验机两夹头间的自由长度为 L_0+50mm，见表 7-3。

表 7-3　线材非比例试样
Table 7-3　Non-proportional wire specimens

公称尺寸/mm	L_0/mm	L_c/mm	试样编号
<4	100	≥150	R9
	200	≥250	R10

在不需要测定伸长率时，试样标距可采用 50mm。

7.3.1.4　直径（对边距）大于 4mm 线材使用试样

试样夹持端和平行长度 L_c 之间的过渡弧半径 r 和平行长度见表 7-4。

表 7-4　圆形横截面比例试样
Table 7-4　Circular cross section proportional samples

d_0/mm	r/mm	$k=5.65$			$k=11.3$		
		L_0/mm	L_c/mm	试样编号	L_0/mm	L_c/mm	试样编号
25				R1			R01
20				R2			R02
15				R3			R03
10	≥0.75d_0	5d_0	≥L_0+d_0/2 仲裁试验： L_0+2d	R4	10d_0	≥L_0+d_0/2 仲裁试验： L_0+2d_0	R04
8				R5			R05
6				R6			R06
5				R7			R07
3				R8			R08

注：1. 如相关产品标准无具体规定，优先采用 R_2、R_4 或 R_7 试样。
　　2. 试样总长度取决于夹持方法，原则上 $L_t>L_c+4d_0$。

7.3.2　反复弯曲试验[11]

反复弯曲试验的目的是测定金属丝线材反复弯曲塑性变形能力。

反复弯曲试验是将试样一端固定，绕规定半径的圆柱支辊弯曲 90°，再沿反方向弯曲的重复试验。

线材试样应尽可能平直。但试验时，在其弯曲平面内允许有轻微的弯曲。必要时试样可以进行矫直，在矫直过程中试样不得产生任何扭曲，也不得有影响试验结果的表面损伤。沿着试样纵向中性轴线存在局部硬弯的试样不得矫直，试验部位存在硬弯的试样不得用于试验。

试验一般应在室温 10~35℃ 内进行，对温度要求严格的试验，试验温度应为 23℃±5℃。圆柱支辊半径应符合相关产品标准的要求。如未规定具体要求，圆形试样可根据表 7-5 所列线材直径，选择圆柱支辊半径 r，圆柱支辊顶部至拨杆底部距离 L 以及拨杆孔直径 d_g。非圆形线材（Z 型、H 型和 T 型）应按 GB/T 238—2013 规定进行选择。

表 7-5　反复弯曲试验参数

Table 7-5　Parameters of repeated bending test　　（mm）

圆形金属线材公称直径 d	圆柱支辊半径 r	距离 L	拨杆孔直径 d_g
$0.3{\leqslant}d{<}0.5$	$1.25{\pm}0.05$	15	2.0
$0.5{\leqslant}d{<}0.7$	$1.75{\pm}0.05$	15	2.0
$0.7{\leqslant}d{<}1.0$	$2.5{\pm}0.1$	15	2.0
$1.0{\leqslant}d{<}1.5$	$3.75{\pm}0.1$	20	2.0
$1.5{\leqslant}d{<}2.0$	$5.0{\pm}0.1$	20	2.0 和 2.5
$2.0{\leqslant}d{<}3.0$	$7.5{\pm}0.1$	25	2.5 和 3.5
$3.0{\leqslant}d{<}4.0$	$10.0{\pm}0.1$	35	3.5 和 4.5
$4.0{\leqslant}d{<}6.0$	$15.0{\pm}0.1$	50	4.5 和 7.0
$6.0{\leqslant}d{<}8.0$	$20.0{\pm}0.1$	75	7.0 和 9.0
$8.0{\leqslant}d{\leqslant}10.0$	$25.0{\pm}0.1$	100	9.0 和 11.0

7.3.3　扭转试验[1,12,13]

金属丝线材扭转试验的目的是检验丝线材在单向或双向扭转中承受塑性变形的能力及显示丝线材表面和内部缺陷。

单向扭转：试样绕自身轴线向一个方向均匀旋转 360° 作为一次扭转至规定次数或试样断裂。

双向扭转：试样绕自身轴线向一个方向均匀旋转 360° 作为一次扭转至规定次数后，再向反方向旋转相同次数或试样断裂。

试样应尽可能是平直的。必要时，可手工对试样进行矫直，矫直时不得损伤试样表面，也不得扭曲试样。存在局部硬弯的线材不得用于试验。试验机两夹头间的标距长度应符合表 7-6 规定。

表 7-6　试验机两夹头间的标距长度

Table 7-6　Standard distance between two collet of testing machine

线材公称直径 d 或特征尺寸 D/mm	两夹头间标距长度 L（公称值）[①]/mm
$0.1{\leqslant}d(D){<}1$	$200d(D)$
$1{\leqslant}d(D){<}5$	$100d(D)$
$5{\leqslant}d(D){<}10$	$50d(D)$
$10{\leqslant}d(D){<}14$	$22d(D)$[②]

①夹头间标距长度最大为 300mm；

②适用于钢线材。

　　试验机夹头应具有足够的硬度；试验机自身不得妨碍由试样收缩所引起的夹头间长度的变化，试验机能够对试样施加适当的拉紧力。试验期间，试验机的两个夹头应保持在同一轴线上，对试样不施加任何弯曲力。试验机的一个夹头应能绕试样轴线旋转，而另一个不得有任何转动，除非这种角度变形被用于测定扭矩。为了适应不同长度的试样，试验机夹头间的距离应可以调节和测量。试验机的速度应能调节，并有自动记录扭转次数的装置。

　　试验一般应在 10 ~ 35℃ 的室温下进行，如有特殊要求，试验温度应为23℃±5℃。

　　将试样置于试验机夹持钳口中，使其轴线与夹头轴线相重合。为使试样在试验过程中保持平直，应施加一定的预拉紧力，但该拉紧力不得大于该线材公称抗拉强度的 2%。除非另有规定，否则应按表 7-7 选用相应的扭转速度，其偏差应控制在规定速度的±10%以内。

　　当试样的扭转次数达到有关标准规定，则可以认为该试验通过测试而不必考虑断口位置。如果试样未达到有关标准所规定的扭转次数，且断口位置在离夹头$2d(D)$ 范围内，则可判定该试验无效，应重新取样进行复测。

表 7-7　控制规定转速
Table 7-7　Controls the specified speed

线材公称直径 d 或特征尺寸 D/mm	单向扭转次数/r·min⁻¹	双向扭转次数/r·min⁻¹
	铜及铜合金	
<1.0	300	
1.0~<1.5	120	
1.5~<3.0	90	60
3.0~<3.6	60	
3.0~<5.0		
5.0~<10.0	30	30

7.3.4　缠绕试验[14]

　　缠绕试验的目的是用以检验丝线材承受缠绕变形性能，以显示其表面缺陷或镀层的结合牢固性的试验。

　　缠绕试验是将丝线材试样在符合相关标准规定直径的芯棒上紧密缠绕规定螺旋圈数。

　　试验设备应能满足丝线材绕芯棒缠绕，并使相邻线圈紧密排列呈螺旋线圈。用作试验的丝线材，只要符合规定的芯棒直径且具有足够的硬度，也可用作芯棒。

试验一般应在 10～35℃ 的室温下进行，如有特殊要求，试验温度应为 23℃±5℃。

试样应在没有任何扭转的情况下，以每秒不超过一圈的恒定速度沿螺旋线方向紧密缠绕在芯棒上。必要时，可减慢缠绕速度，以防止温度升高而影响试验结果。为确保缠绕紧密，缠绕时可在试样自由端施加不超过该线材公称抗拉强度相应力值 5% 的拉紧力。

如果要求解圈或解圈后再缠绕，其解圈和再缠绕的速度应尽可能地慢，以防止温度升高而影响试验结果，解圈时试样末端应至少保留一个缠绕圈。

缠绕试验结果判定应按相关标准的规定执行。如无具体要求，可在不用放大工具的情况下检查试样表面，如未发现裂纹则该试样判为合格。对直径或厚度小于 0.5mm 的线材应在放大约 10 倍的情况下进行检查。

7.3.5 残余应力[15]

残余应力的测定方法有很多，如 X 射线法、应变片电测法、小孔释放法以及化学方法和机械方法等。这些方法各有特点，适合不同的制品、构件或环境，而 GB/T 21652—2017《铜及铜合金线材》中规定线材的残余应力检验方法按 GB/T 10567.2 的规定进行。

试验方法分为氯化铵试验法和氨水试验法。试验溶液的配方法可按 GB/T 10567.2 的规定进行配制。

一般把两个无缺陷的平行试样放到规定容器里面进行试验。其中，氯化铵试验法的试验时间为 24h；氨水试验法的试验时间为 4h。试验温度应为 20～30℃，在试验期间温度波动不超过±1℃在仲裁情况下，温度保持在 25℃±1℃。等试验完成后，清洗试样，并用放大仪器检查试样表面是否有裂纹。如有必要，可以将试样轻微弯曲变形，使细小裂纹呈现以便更容易观察。对于直径小于 0.2mm 的试样，可以通过金相显微镜，检查判断所观察到的裂纹是属于应力腐蚀破裂还是晶间腐蚀。为了排除切取试样或试样表面有磕碰伤时所造成的局部应力的影响，距试样端部 5mm 以内的裂纹忽略不计。

7.4 氢脆性能[16]

氧是铜中的主要杂质元素，主要以氧化亚铜形式存在于铜中。根据铜-氧相图，氧化亚铜与铜形成共晶，凝固时主要聚集于晶界上，含量从低到高依次形成亚共晶、共晶和过共晶，含量很低时则看不到氧的存在。含氧铜经加工后，氧化亚铜呈弥散质点分布于铜基体上。氧在纯铜中的主要危害是导致了铜的氢脆性；与其他杂质共存时，对铜的性能有复杂的影响。

线材的氢脆试验方法按 GB/T 23606—2009《铜氢脆检验方法》中闭合弯曲

试验方法的规定进行。

对于棒、线材产品，试样的直径或两平行面之间的距离为产品的实际尺寸，但不得超过 12.7mm，长度为 152mm。将制备好的试样放在还原性氢气氛的炉内加热在 820~850℃保温至少 20min，然后将试样在同样气氛中自然冷却或水冷到室温。处理后的试样，在室温下进行闭合弯曲试验。材料的原始表面应在弯曲的外侧。试验时，先将试样弯成"U"形，然后将试样端压到起，达到最终贴合。若试样的外侧面出现裂绞时，则判定材料存在氢脆。

7.5　外形尺寸及其允许偏差[17]

铜及铜合金线材的直径、圆度等尺寸检测按 GB/T 26303.2 的规定进行测量，线材外形尺寸其允许偏差应满足表 7-8。

表 7-8　线材直径（或对边距）及其允许偏差

Table 7-8　Wire diameters（or opposite margins）and allowable deviations

（mm）

直径（或对边距）	圆形		正方形、正六角形	
	普通级	高精级	普通级	高精级
0.05~0.1	±0.004	±0.003	—	—
>0.1~0.2	±0.005	±0.004	—	—
>0.2~0.5	±0.008	±0.006	±0.010	±0.008
>0.5~1.0	±0.010	±0.008	±0.020	±0.015
>1.0~3.0	±0.020	±0.015	±0.030	±0.020
>3.0~6.0	±0.003	±0.020	±0.050	±0.030
>6.0~13.0	±0.004	±0.030	±0.010	±0.040
>13.0~18.0	±0.005	±0.040	±0.060	±0.050

注：当需方要求允许偏差为（+）或（-）单向偏差时，其值为表中数值的 2 倍。

7.6　本章小结

本章系统论述了微细丝线材的各种测量技术和标准，主要包括化学成分检测分析手段、导电性能、机械性能、外形尺寸及其允许偏差。其中，机械性能部分重点论述了抗拉强度和伸长率、弯曲实验、扭转实验、缠绕实验等检测分析方法和相关标准。

（1）化学成分。由于微细丝线材线径较细，对其成分的检测分析和控制主要是在杆坯连铸过程中，除了关注基体元素含量外，还需要分析 O、S、P 等ppm 级的微量杂质元素，这是影响杆坯性能的关键因素。目前专门针对微细丝线材成分检测的标准尚为空白，对于杆坯成分的检测主要参照相应合金的成分检测标准和方法。

（2）导电性能。微细丝线材作为信号传输的重要导体材料，其导电性能是其关键的物理性能指标，重点介绍了温度、缺陷、合金元素、冷加工、热处理等因素对电阻率的影响；微细丝线材电阻的测量方法有直接读数的伏安法、单电桥法、双电桥法、电位差计法等，对于线径较大的铸态杆坯试样可以采取涡流法测试电导率。

（3）机械性能。主要包括拉伸实验、反复弯曲实验、扭转实验、缠绕实验、残余应力等方面。其中，丝线材拉伸试验中通常测定的强度指标有抗拉强度和屈服强度，塑性指标有断后伸长率和断面收缩率；反复弯曲试验的目的是测定金属丝线材反复弯曲塑性变形能力；扭转试验的目的是检验丝线材在单向或双向扭转中承受塑性变形的能力及显示丝线材表面和内部缺陷；缠绕试验的目的是用以检验丝线材承受缠绕变形性能，以显示其表面缺陷或镀层的结合牢固性的试验；残余应力的测定方法主要有 X 射线法、纳米压痕法、钻孔法等。

（4）氢脆性能。线材的氢脆试验方法按 GB/T 23606—2009《铜氢脆检验方法》中闭合弯曲试验方法的规定进行。

（5）外形尺寸及其允许偏差。铜及铜合金线材的直径、圆度等尺寸检测按 GB/T 26303.2—2010 的规定进行测量。

参 考 文 献

[1] 梅恒星，李耀群. 铜加工产品性能检测技术 [M]. 北京：冶金工业出版社，2008.
   MEI H X, LI Y Q. Performance testing technology for copper processing products [M]. Beijing：Metallurgical Industry Press，2008.

[2] 徐祖耀，黄本立. 中国材料工程大典·第 26 卷，材料表征与检测技术 [M]. 北京：化学工业出版社，2006.
   XU Z Y, HUANG B L. Chinese Material Engineering Canon：Material Characterization and Detection Technology [M]. Beijing：Chemical Industry Press，2006.

[3] 王润. 金属材料物理性能 [M]. 北京：冶金工业出版社，1993.
   WANG R. Physical Properties of Metallic Materials [M]. Beijing：Metallurgical Industry Press，1993.

[4] GB/T 21652—2017. 铜及铜合金线材 [S]. 北京：中国标准出版社，2017.
   GB/T 21652—2017. Copper and copper alloy wire [S]. Beijing：China Standard Press，2017.

[5] GB/T 5121.1—2008. 铜及铜合金化学分析方法 第 1 部分：铜含量的测定 [S]. 北京：中国标准出版社，2008.
   GB/T 5121.1—2008. Methods for chemical analysis of copper and copper alloys-Part 1：Determination of copper content [S]. Beijing：China Standard Press，2008.

［6］ GB/T 3048.4—2007. 电线电缆电性能实验方法第 4 部分：导体直流电阻实验 ［S］. 北京：中国标准出版社，2008.

GB/T 3048.4—2007. Test methods for electrical properties of electric cables and wires—Part 4：Test of DC resistance of conductors ［S］. Beijing：China Standard Press，2008.

［7］ GB/T 3048.2—2007. 电线电缆电性能试验方法 第 2 部分：金属导体材料电阻率试验［S］. 北京：中国标准出版社，2008.

GB/T 3048.2—2007 Test methods for electrical properties of electric cables and wires—Part 2：Test of electrical resistivity of metallic materials ［S］. Beijing：China Standard Press，2008.

［8］ GB/T 32791—2016 铜及铜合金导电率涡流测试方法 ［S］. 北京：中国标准出版社，2017.

GB/T 32791—2016 Electromagnetic（eddy-current）examination method for electrical conductivity of copper and copper alloys ［S］. Beijing：China Standard Press，2017.

［9］ GB/T 228.1—2010. 金属材料拉伸试验第 1 部分：室温试验方法 ［S］. 北京：中国标准出版社，2011.

GB/T 228.1—2010. Metallic materials-Tensile testing—Part 1：Method of test at room temperature ［S］. Beijing：China Standard Press，2011.

［10］ GB/T 10573—2020. 有色金属细丝拉伸试验方法 ［S］. 北京：中国标准出版社，2020.

GB/T 10573—2020. Tensile testing method for fine wire of non-ferrous metals ［S］. Beijing：China Standard Press，2020.

［11］ GB/T 238—2013. 金属线材反复弯曲试验方法 ［S］. 北京：中国标准出版社，2014.

GB/T 238—2013. Metallic materials-Wire-Reverse bend test ［S］. Beijing：China Standard Press，2014.

［12］ GB/T 239.1—2012. 金属材料线材第 1 部分：单向扭转试验方法 ［S］. 北京：中国标准出版社，2013.

GB/T 239.1—2012. Metallic materials-wire—Part 1：Simple torsion test ［S］. Beijing：China Standard Press，2013.

［13］ GB/T 239.2—2012. 金属材料线材第 2 部分：双向扭转试验方法 ［S］. 北京：中国标准出版社，2013.

GB/T 239.2—2012. Metallic materials-wire—Part 2：Reverse torsion test ［S］. Beijing：China Standard Press，2013.

［14］ GB/T 2976—2004. 金属材料线材缠绕试验方法 ［S］. 北京：中国标准出版社，2004.

GB/T 2976—2004. Metallic materials-wire-wrapping test ［S］. Beijing：China Standard Press，2004.

［15］ GB/T 10567.2—2007. 铜及铜合金加工材残余应力检验方法氨薰试验法 ［S］. 北京：中国标准出版社，2008.

GB/T 10567.2—2007. Wrought copper and copper alloys—Detection of residual stress-Ammonia test ［S］. Beijing：China Standard Press，2008.

［16］ GB/T 23606—2009. 铜氢脆检验方法 ［S］. 北京：中国标准出版社，2009.

GB/T 23606—2009. Copper-hydrogen embrittlement test method ［S］. Beijing：China Standard Press，2009.

［17］　GB/T 26303. 2—2010. 铜及铜合金加工材外形尺寸检测方法第 2 部分：棒、线、型材 ［S］. 北京：中国标准出版社，2011.

　　　　GB/T 26303. 2—2010. Measuring methods for dimensions and shapes of wrought copper and copper alloy—Part 2：Rod，wire and profile ［S］. Beijing：China Standard Press，2011.

8 丝线材封装键合工艺

<<<<<<<<<<<<<<<<<<<<<<<<<<<<<<<<<<<<<<<<<<<<<<<<<<<<<<<<<<<<<<<<

8.1 工艺概述

8.1.1 简介

引线键合工艺是利用金属丝将集成电路芯片上的电极引线与对应的集成电路封装引脚连接在一起的过程[1]，如图 8-1 所示。引线键合以工艺实现简单、成本低廉、适用多种封装形式在芯片连接方式中占主导地位，目前所有封装管脚的90%以上都采用引线键合连接[1]。

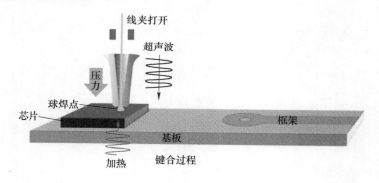

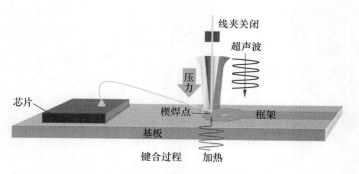

图 8-1　键合过程示意图

Fig. 8-1　Schematic diagram of bonding process

随着集成电路及半导体器件生产极小特征尺寸和极大产量的要求，不断缩小引线间距和逐步提高生产效率成为了半导体重要的发展趋势，要求使用线径更细、性能更好的键合丝进行窄间距、长距离的键合，键合用微细丝线材需要具备高纯度、高温、超细、高导热和高可靠等特性[1]。

作为连接导线，铜线是金线的理想替代品，这主要得益于铜线具有较低的成本优势、更高的导热性、更低的电阻率、更高的拉伸力和更慢的金属间渗透。铜丝引线键合工艺取代金丝和 Al-1Si 丝应用于在大规模集成电路及 LED 中芯片和引脚的连接，可缩小焊接间距，提高芯片频率、散热性和可靠性。但由于铜线与金线相比具有高强度、低成弧性及容易氧化的特性，其键合工艺将更为复杂，铜线的高硬度容易将芯片焊盘打出弹坑，且铜材料易氧化的特性对铜线的运输和生产条件提出更高要求[2]。

此外，键合银线由于其优秀的电学性能、良好的稳定性及适当的成本因素，在 LED 封装、IC 封装、功率器件封装等方面已经开始应用，银具有良好的电性能、热传导性和低杨氏模量，同时银的价格大约是金的 1/60，银线的储存比较方便，使用前不需要进行许多的表面清洁，银的硬度介于金和铜之间，在引线键合过程中不需要使用过多的能量，同时也不会出现把衬底打穿或将衬底金属推到旁边的现象，几种金属的材料性能对比见表 8-1。但由于键合银线抗氧化性能较弱，应用过程中易于氧化，使得键合参数选择范围较小，致使工艺过程不易于控制，因强度较低在低弧度引线封装中容易出现塌丝及线弧不稳定等缺陷，以及高温条件下球焊点失效几率较高，进而降低生产效率及大功率 LED 器件的使用寿命。通过合金化获得高性能键合银基合金线是改善键合银线性能的有效途径，钯元素和与银具有类似的特性且无限互溶，钯元素的加入能够提高银的高温稳定性及强度，镀金层可以增加键合银抗氧化性能。因此，对银合金线的研究也越来越被重视[3~6]。

表 8-1 几种金属的材料性能

Table 8-1 The material properties of several metals

金属种类	纯金	纯银	纯铜	纯铝
价格/美元·盎司$^{-1}$	1334	20.48	0.19	0.05
熔点/℃	1064.18	961.78	1084.62	660.32
电导率/%IACS	73.4	108.4	103.06	25
热传导性/W·(m·K)$^{-1}$	318	420	401	270
维氏硬度/MPa	216	251	369	237
杨氏模量/GPa	79	83	128	65

8.1.2 引线键合原理

引线键合技术又称为线焊技术和引线连接，即用金属细丝将裸芯片电极焊区与电子封装外壳的输入/输出引线或基板上的金属布线焊区连接起来，连接过程一般通过加热、加压、超声等能量，借助键合工具劈刀来实现。引线键合的基本原理是：利用高压电火花（EFO）使金属丝端部熔成球形，在 IC 芯片上加热加压加超声，而键合所施加的压力使金属球发生较大的塑性变形，其表面上的滑移线使洁净面呈阶梯状，并在薄膜上也切出相应的凹凸槽，薄膜表面的氧化膜被破坏，使其活性化，通过接触面，两金属之间的扩散结合而完成球焊——第一焊点；然后，焊头通过复杂的三维移动到达集成电路底座外引线的内引出端，再加热加压加超声完成楔焊——第二焊点，从而完成一根线的连接，如图 8-2 所示。

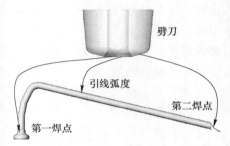

图 8-2　引线键合原理示意图
Fig. 8-2　Diagram of bonding mechamism

　　决定引线键合过程能否有效进行以及键合质量好坏的关键因素包括：键合温度、键合时间、键合压力、超声功率[7,8]。

　　键合温度是指在键合过程进行前必须进行的预热，主要作用：（1）可以软化金属化焊盘，有效去除键合初期焊盘表面的脆性氧化层；（2）可以软化金属丝，提高其塑性，降低其抵抗变形的能力，对形成紧密的结构非常重要；（3）一定的键合温度可以增强结合界面处原子的扩散能力，也有利于可靠键合接头的形成。键合温度较低时，键合材料没有得到充分的软化，塑性变形过程难于进行，金属流动填充键合球塑性变形形成的剪切沟槽的能力较弱，导致接头的连接紧密程度低，焊点的承载能力也会降低；键合温度过高，芯片上容易出现弹坑，这是由于键合温度的提高使软化程度加大，在键合过程中受挤压的变形程度加大，键合球与硅芯片之间的缓冲层变薄，芯片受到的冲击力较大，出现弹坑缺陷的几率增大。

　　键合时间通常在几毫秒，对于不同的键合点，键合时间也不一样。一般而言，键合时间越长，引线球吸收的能量越多，键合点的直径就越大，界面强度增加但颈部强度降低，键合时间较长时沿着界面会形成更多的金属间化合物，从而使键合强度明显地增加。

　　键合压力在一定程度上决定了键合过程中键合球的变形程度，而键合球的变形程度和球焊点的质量有直接的关系，键合球的变形程度越大形成的焊点尺寸就越大，接头可以承载的有效面积就越大，但键合压力过大引起焊后应力过大，引弧加工硬化形成大的残余应力，导致焊盘变形、焊点底部焊盘内产生裂纹等严重缺陷。因此，合理控制键合压力对获得高强度焊点非常重要。

　　超声功率（超声能量）对键合过程的作用主要体现在以下几个方面：有效

降低铜球在塑性变形阶段的变形阻力，使得变形过程容易进行；利用超声在键合初期造成的铜球和铝焊盘之间的机械摩擦可以有效去除铝表面的脆性氧化物层，并在一定程度上减少铜表面的氧化物；另一方面由于铜丝比金丝硬，超声在键合界面处形成的摩擦可以产生一定的能量，有助于进一步软化铜丝，并促进键合过程中键合界面处的金属原子扩散。超声功率过小不能为键合强度的形成提供足够的能量，造成键合强度较小，形成无强度连接和脱落，导致焊接无法实现。但随着超声功率的增大，键合球的变形量、焊点直径增大，球形高度下降。过大的超声功率会使键合区域变形严重产生明显的裂纹，形成根部断裂、键合塌陷或焊盘破裂；过大的超声功率会引起键合附近严重的应力集中，进一步加工后还会有较大的残余应力，致使器件使用过程中产生微裂纹而降低器件的使用寿命；此外，过大的超声功率会破坏已经形成的键合区域，导致键合强度下降，从而形成无连接和剥离的结果。

8.1.3 引线键合工艺

根据键合媒介形式的不同，引线键合工艺可以分成三种主要类型：热压键合、超声键合以及热压-超声键合[9]，见表8-2。

热压键合是通过加热加压的方式使焊区金属发生塑性形变，同时破坏金属焊区界面上的氧化层使压焊的金属丝与焊区接触面的原子间达到原子的引力作用范围，进而通过原子间的吸引力使得两者之间紧密接触以达到"键合"目的。但热压键合容易使金属丝变形过大而受损，进而影响焊接键合质量。

表8-2 三种引线键合工艺

Table 8-2 Three wire bonding processes

引线键合工艺	压力	温度	超声波能	引线	打点
热压	高	300~500℃	无	金	铝、金
超声	低	25℃	有	金、铝、铜	铝、金
热压-超声	低	100~150℃	有	金、铜	铝、金、铜

超声键合是在室温条件下利用超声波（60~120Hz）发生器产生的能量通过换能器在超高频磁场感应下迅速伸缩而使劈刀发生水平弹性振动，同时在劈刀上施加向下的压力，使得劈刀在这两种力作用下带动引线在焊区金属表面迅速摩擦产生热量，引线发生塑性变形与焊区紧密接触形成焊接以实现原子间的"键合"。

热压-超声键合是热压键合和超声键合两种形式的组合，首先用高压电火花将金属丝端部熔成球，再在芯片焊位上加热加压加超声，使接触面产生塑性变形并破坏界面的氧化膜，使其活性化，通过球接触使原子间扩散结合而完成球形焊。超声波的作用是超声软化和摩擦，外加热源用于激活材料的能级，促进两种金属的有效连接以及金属间化合物的扩散和生长。由于热压-超声键合可以降低热压温度，提高键合强度，有利于器件可靠性，热压-超声键合已经成为引线键合的主流。

8.1.4 引线键合方式

引线键合方式主要分为球形键合和楔形键合两种方式。不同方式需要使用不同的劈刀，劈刀具有负责固定引线、传递压力和超声能量、拉弧等作用[10]。

球形键合使用的键合工具是毛细管劈刀，一种轴形对称的带有垂直方向孔的陶瓷工具，如图 8-3 所示。球形键合可以避免凹槽现象的产生，而且可以提供较大的键合面积，在不增大引线直径的情况下，可以做到自动送丝。球形键合方法的优点是设备稳定，操作简单，维护方便，键合牢固，可以实现键合自动化。缺点是键合面积大，不适合小的电极区键合，焊球大小的不容易控制，键合时要用氢气，需要增添气体管道装置，因而限制了其使用范围。

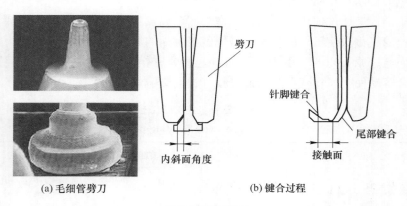

(a) 毛细管劈刀   (b) 键合过程

图 8-3 球压焊

Fig. 8-3 The ball bonding

楔形键合因劈刀形状为楔形而得名，楔形键合工具是楔形劈刀，通常是钨碳或是碳钛合金，在劈刀尾部有一个呈一定角度的进丝孔，劈刀的截面一般是圆形和矩形。这种方法常用来键合较细的引线和较小的电极。由于楔形劈刀的压力使引线产生凹槽，如果键合参数控制不当，凹槽太深就会削弱焊点的键合强度。并且，楔形键合不易做到自动送丝，现在这种键合方式多半使用半自动设备。因此，这种方法的生产效率会比较低。如图 8-4 所示。

球形键合和楔形键合，其对应的键合技术、键合工具和材料见表 8-3。

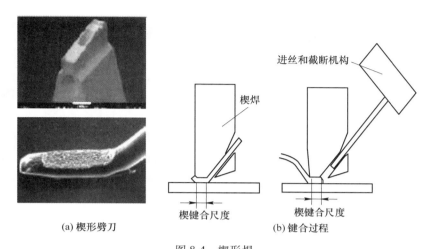

(a) 楔形劈刀 (b) 键合过程

图 8-4　楔形焊

Fig. 8-4　The wedge bonding

表 8-3　引线键合形式

Table 8-3　Wire bonding forms

引线键合	键合技术	键合工具	引线	打点	速度
球压焊	热压、加热超声波	毛细管劈刀	金、铜	铝、金、铜	10 线/s
楔压焊	加热超声波、超声波	楔形劈刀	金、铝	铝、金	4 线/s

在楔形键合、球形键合的基础上，为了适应新的器件的要求，又产生一些新的键合方法，比如振动热键合、软键合、电热脉冲键合、机械热脉冲键合及孔眼键合等。其中，振动热键合，即热压-超声波-铜球键合凭借其比超声波铝线键合更快的速度，比金球键合成本低，得到了最广泛的应用。

丝球焊是引线键合中最具代表性的焊接技术，它是在一定的温度下，施加键合工具劈刀的压力，并加载超声振动，将引线一端键合在 IC 芯片的金属化层上，另一端键合到引线框架上或 PCB 板的焊盘上，实现芯片内部电路与外围电路的电连接，如图 8-1 所示。由于丝球焊操作方便、灵活，而且焊点牢固，压点面积大（为金属丝直径的 2.5~3 倍），又无方向性，可实现高速自动化焊接[11]。

8.2　微细丝线材性能对键合性能的影响

微细丝线材键合线起联结硅片电极与引线框架外部引出端子的作用，并传递芯片的电信号、散发芯片内产生的热量，是集成电路封装的关键材料，微细丝线材性能对键合性能有着至关重要的影响。

8.2.1　铜基丝线材性能对键合性能影响[7]

随着集成电路及半导体器件向封装多引线化、高集成度和小型化发展，要求使用线径更细、电学性能更好的键合丝进行窄间距、长距离的键合，键合铜线由于其良好的性能和低的成本因素，在封装行业中逐渐替代键合金线应用于芯片和引脚的连接。

铜基丝线材性能对键合性能的影响显著，铜基丝线材伸长率过小和拉断力过大会造成焊点颈部产生微裂纹而造成焊点的拉力和球剪切力偏低；表面存在缺陷的铜线，其颈部经过反复塑性大变形会造成铜线表面晶粒和污染物脱落而出现短路和球颈部断裂[8]。

8.2.1.1　力学性能对键合性能的影响

铜线的力学性能（伸长率和拉断力）对键合过程有较大影响，强度高、伸长率低的铜线会引起焊点颈部裂纹和第一焊点成球不规则等缺陷。图 8-5 和图 8-6 为不同力学性能的键合铜线键合后拉力、剪切力测试统计分析结果。其中，高纯度键合铜线直径为 0.020mm，1 号铜线和 2 号铜线的力学性能伸长率分别为 7.6%、13.5%，拉断力分别为 9.3g、6.7g。由图 8-5 和图 8-6 可以看出，伸长率低，拉断力高时，会造成第一焊点（球焊点）球剪切力、第二焊点（楔焊点）拉力个别偏低（拉力低于 4g，球剪切力低于 15g），导致器件失效。

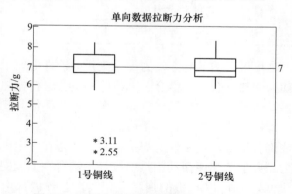

图 8-5　不同力学性能铜线键合后拉力分析

Fig. 8-5　The pull strength for different mechanical properties copper wire

图 8-7、图 8-8 分别为 1 号铜线和 2 号铜线键合后第一焊点和第二焊点的显微形貌。从图 8-7 可以看出不同力学性能对第一焊点颈部影响，第一焊点颈部需要反复大变形来完成焊线的成拱，铜线由于其硬度和强度高且加工硬化严重，热超声键合在瞬间产生较大变形，从而会导致严重的应力集中，如果铜线本身存在应

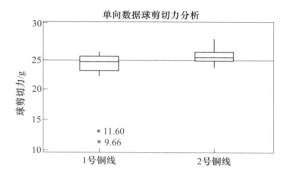

图 8-6 不同力学性能铜线键合后球剪切力分析

Fig. 8-6 The ball shear strength for different mechanical properties copper wire

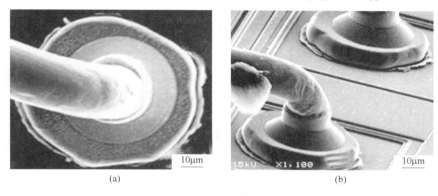

图 8-7 1 号铜线与 2 号铜线第一焊点形貌

（a）完好的第一焊点连接形貌；（b）第一焊点由于铜线强度过高造成颈部缺陷

Fig. 8-7 The First bonding morphology for 1# copper bonding wire and 2# copper bonding wire

（a）Integrity morphology of the first bonding；（b）The neck defects of the first
bonding caused by high strength of copper wire

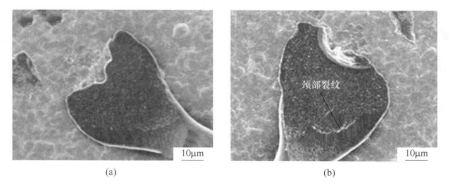

图 8-8 1 号铜线与 2 号铜线第二焊点形貌

（a）完好的第二焊点形貌；（b）第二焊点颈部微裂纹

Fig. 8-8 The Second bonding morphology for 1# copper bonding wire and 2# copper bonding wire

（a）Integrity morphology of the second bonding；（b）The neck cracks of the second bonding

力，其塑性变形能力不足，则在超声、压力和温度等复合场的作用下，使第一焊点颈部产生严重应力集中并伴有滑移产生，如图 8-7（b）所示，进而引起微裂纹，致使第一焊点颈部断裂而失效。对于第二焊点，其键合过程中是铜线在劈刀作用下，对其施加一定的超声和压力实现第二焊点的键合连接，如果铜线的伸长率偏低，同时强度较高，其键合过程中由于铜线内部存在明显的应力集中，会造成第二焊点颈部开裂，造成键合失效，如图 8-8（b）所示。此外，如果铜线强度高，第二焊点由于铜线塑性大形变不均匀致使其形状不稳定，导致第二焊点拉力不稳定；如果延伸率较低且应力不均匀，在第二焊点完成后的铜线拉断过程中，造成铜线拉断位置不均匀，从而导致尾线长度不均匀而影响第一焊点形状和性能，造成第一焊点由于成球不均匀而引起的短路、连接强度低等器件失效。

8.2.1.2　表面质量对键合性能的影响

图 8-9 为表面缺陷导致焊点失效。对于第一焊点颈部来说，在键合过程中需要产生较大的反复塑性变形，如果铜线表面存在缺陷，第一焊点颈部铜线反复塑性大变形会造成铜线表面晶粒和污染物脱落，如图 8-9（a）所示，导致键合失效。

第二焊点在键合过程中，铜线在劈刀、超声、压力的作用下与引线框架上的基点达到原子间的结合。由于铜线表面存在缺陷，造成拉力不足，铜线与引线框架不能实现洁净面的原子结合，从而导致虚焊或连接拉力不足而使器件失效，如图 8-9（b）所示。

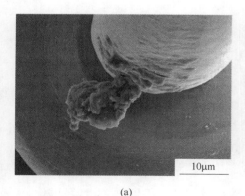
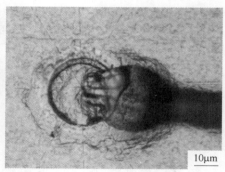

(a)　　　　　　　　　　　　　　　　　(b)

图 8-9　铜线表面缺陷造成的焊接缺陷

（a）第一焊点颈部由于表面缺陷造成的铜屑脱落；（b）表面缺陷造成的第二焊点失效

Fig. 8-9　The bonding defects caused by copper wire surface defects

（a）The falling copper chip of the first bonding neck caused by copper wire surface defects；

（b）The second joint failure caused by copper wire surface defects

如果铜线表面存在缺陷或污染，在键合过程中铜线的污染物会不断地残留在线夹上，当线夹上有污染物残留时，其对线的夹持力不足，会造成第二焊点结束后尾线预留的长度不足或不能拉断尾线，导致下一个第一焊点成球不规则或引起键合过程中的断线。此外，如果铜线表面污染物较大，会使劈刀堵塞导致劈刀的报废。

8.2.2 银基丝线材性能对键合性能影响

键合银线由于其优秀的电学性能、良好的稳定性及适当的成本因素，在LED 封装、IC 封装、功率器件封装等方面已经开始应用。但对于纯银线而言，由于热导率高、高温强度低等原因，其键合过程中参数窗口范围较小，且高温条件下球焊点失效几率较高，进而降低生产效率及大功率 LED 器件的使用寿命[4]。

通过合金化获得高性能键合银基合金线是改善银基丝线材键合性能的有效途径。Pd 元素与 Ag 具有类似的特性且无限互溶，Pd 元素的加入能够提高银的高温稳定性及强度。Ru 元素可提高银基丝线材得力学性能、细化银基丝线材晶粒，Ag-4Pd 和 Ag-4Pd-0.5Ru 键合合金线（ϕ0.025mm）的力学性能伸长率分别为13.6%、15.6%，拉断力分别为 9.2g、10.4g，Ag-4Pd-0.5Ru 键合合金线晶粒较 Ag-4Pd 键合合金线细化均匀。银基丝线材优异性能和组织有利于键合性能的提高，Ag-4Pd-0.5Ru 键合合金线球焊点、楔焊点键合强度连接强度明显高于 Ag-4Pd 键合合金线，Ag-4Pd-0.5Ru 键合合金线无空气焊球（FAB）形状、球焊点形貌较 Ag-4Pd 键合合金线规则，Ag-4Pd-0.5Ru 键合合金较 Ag-4Pd 键合合金线的热影响区长度由 50μm 减少至 35μm，消除由于热影响区长度过大导致的颈部微裂纹缺陷，Ag-4Pd-0.5Ru 键合合金线具有较好的颈部连接强度[4]。

8.2.2.1 银基丝线材性能对球焊点键合强度的影响

Ag-4Pd 和 Ag-4Pd-0.5Ru 键合合金线（ϕ0.025mm）的力学性能伸长率分别为 13.6%、15.6%，拉断力分别为 9.2g、10.4g，Ag-4Pd-0.5Ru 键合合金线晶粒较 Ag-4Pd 键合合金线细化均匀。图 8-10~图 8-12 分别为 Ag-4Pd（AgA1）和 Ag-4Pd-0.5Ru（AgA2）键合合金线烧球及键合后的球尺寸、球剪切力、球拉力测试统计分析结果。由图 8-10 中可知，Ag-4Pd 键合合金线经过电子灭火（Electronic Flame-Off，EFO）成球后，其无空气焊球（Free Air Ball，FAB）尺寸波动范围较大，Ag-4Pd-0.5Ru 键合合金线 FAB 尺寸较为稳定。同时，Ag-4Pd 键合合金线球剪切力和球拉力略低于 Ag-4Pd-0.5Ru 键合合金线，且 Ag-4Pd 键合合金线球剪切力和球拉力波动范围大于 Ag-4Pd-0.5Ru 键合合金线，如图 8-11 和图 8-12 所示。

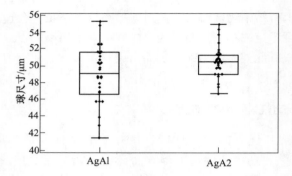

图 8-10　Ag-4Pd、Ag-4Pd-0. 5Ru 键合合金线球尺寸统计分析

Fig. 8-10　Ball size analyses of Ag-4Pd, Ag-4Pd-0. 5Ru alloy bonding wire

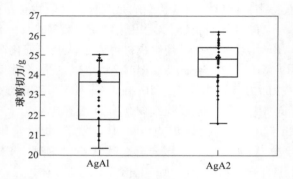

图 8-11　Ag-4Pd、Ag-4Pd-0. 5Ru 键合合金线球剪切力统计分析

Fig. 8-11　Ball shear strength analyses of Ag-4Pd, Ag-4Pd-0. 5Ru alloy bonding wire

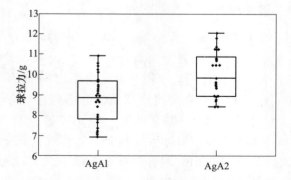

图 8-12　Ag-4Pd、Ag-4Pd-0. 5Ru 键合合金线球拉力分析

Fig. 8-12　Ball pull strength analyses of Ag-4Pd, Ag-4Pd-0. 5Ru alloy bonding wire

图 8-13 为 Ag-4Pd 和 Ag-4Pd-0.5Ru 键合合金线 FAB 显微形貌。由图 8-13 可知，Ag-4Pd 键合合金线 FAB 形貌呈不规则球形，Ag-4Pd-0.5Ru 键合合金线 FAB 形貌呈较规则球形。由于 Ag-4Pd 键合合金线 FAB 球形没有 Ag-4Pd-0.5Ru 键合合金线 FAB 形状规则，在 FAB 球尺寸统计分析中波动范围较大。通过对 Ag-4Pd 和 Ag-4Pd-0.5Ru 键合合金线进行热导率测试可知，Ag-4Pd 键合合金线热导率为 403W/(m·K)，Ag-4Pd-0.5Ru 键合合金线热导率为 385W/(m·K)，在 EFO 过程中，通过高压放电将一定长度（0.1～0.2mm）键合合金线熔化成球，对于 Ag-4Pd键合合金线，热导率较高，其 FAB 局部区域凝固速率高于 AgA2 键合合金线，从而导致 FAB 形状呈不规则形状。

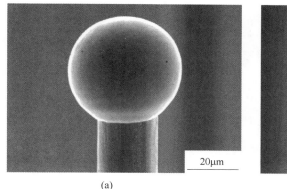 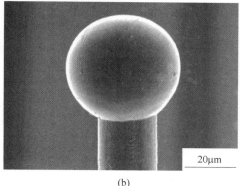

(a)　　　　　　　　　　　　　　　　(b)

图 8-13　银基丝线材合金键合线 FAB 形貌

（a）Ag-4Pd；（b）Ag-4Pd-0.5Ru

Fig. 8-13　FAB morphologies of Ag-4Pd alloy bonding wire

（a）Ag-4Pd；（b）Ag-4Pd-0.5Ru

图 8-14 为 Ag-4Pd 键合合金线球焊点形貌。由图可知，Ag-4Pd 键合合金线球

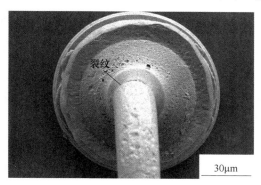

图 8-14　Ag-4Pd 键合合金线球焊点颈部微裂纹形貌

Fig. 8-14　Neck crack of FAB of Ag-4Pd alloy bonding wire

焊点颈部存在微小裂纹，由于 Ag-4Pd 键合合金线再结晶温度低，热影响区长度为 50μm，如图 8-15（a）所示，对于 Ag-4Pd-0.5Ru 键合合金线，Ru 元素的加入，提高了键合合金线的再结晶温度，降低了 FAB 球的热影响区长度，热影响区长度降低为 35μm，如图 8-15（b）所示；引线键合过程中球焊点颈部需要反复大变形来完成焊线的成拱，而过长的热影响区使得 Ag-4Pd 键合合金线颈部力学性能降低，在超声、压力和温度等复合场的作用下，使球焊点颈部产生严重应力集中并伴有滑移产生，进而引起微裂纹，降低了球焊点拉力，使得 Ag-4Pd 键合合金线球拉力低于 Ag-4Pd-0.5Ru 键合合金线。

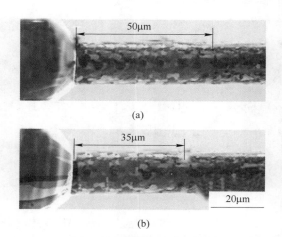

图 8-15　银基丝线材键合合金线热影响区长度
（a）Ag-4Pd；（b）Ag-4Pd-0.5Ru
Fig. 8-15　Heat affected zone length of Ag-4Pd alloy bonding wire
（a）Ag-4Pd；（b）Ag-4Pd-0.5Ru

　　此外，器件经过冷热冲击试验后，球焊点颈部的裂纹在反复冷热冲击条件下会扩展，微裂纹的扩展将使电阻值增加，进而产生局部过热，在大电流作用下使得焊点颈部发黑，如图 8-16 所示，最终引起短路，产生死灯现象。对于 Ag-4Pd-0.5Ru 键合合金线，其 FAB 球的热影响区长度较短，FAB 颈部具有优良的力学性能，避免了球焊点颈部裂纹的产生，使得球焊点拉力较为稳定，消除了器件冷热冲击后出现的死灯现象。

8.2.2.2　银基丝线材性能对楔焊点键合强度的影响

　　图 8-17 为 Bonded Stitch On Ball（BSOB）键合方式下楔焊点拉力统计分析。由图可知，Ag-4Pd 键合合金线楔焊点拉力分布范围较大且略低于 Ag-4Pd-0.5 键合合金线楔焊点拉力。

图 8-16　球焊裂纹导致的焊点颈部发黑

Fig. 8-16　Black neck caused by ball neck crack

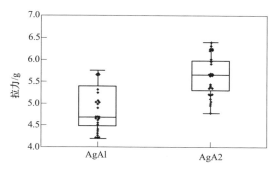

图 8-17　Ag-4Pd、Ag-4Pd-0.5Ru 键合合金线楔焊点拉力统计分析

Fig. 8-17　Stitch pull strength analyses of Ag-4Pd, Ag-4Pd-0.5Ru alloy bonding wire

对于 Ag-4Pd 键合合金线，由于其热导率较高，使得 FAB 形状不完全规则，在 BSOB 键合方式下，其形成的圆形焊盘形状存在凸起，导致楔焊点线材与焊盘接触面不均匀，如图 8-18 所示，进而导致拉力波动范围较大。此外，Ag-4Pd 键

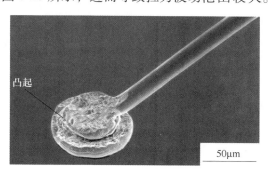

图 8-18　BSOB 键合方式下受损的楔焊点形貌

Fig. 8-18　Defect bonded morphology in BSOB model

合合金线楔焊点拉力较低时，器件经过冷热冲击试验后，颈部连接薄弱点在反复冲击应力条件下产生裂纹，甚至出现楔焊点颈部断裂现象，如图 8-19 所示，从而导致器件失效。

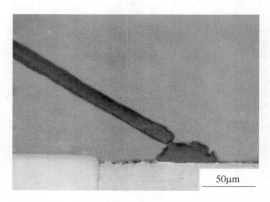

图 8-19　冷热冲击试验后楔焊点颈部断裂

Fig. 8-19　Wedge bonded neck crack after thermal shock test

8.2.2.3　银基丝线材组织对球焊点键合强度的影响

图 8-20~图 8-23 为键合合金线组织对键合强度的影响。由图 8-20 可知，Ag-4Pd-0.5Ru 键合合金线晶粒尺寸基本一致，其球焊点形状规则圆整，如图 8-21 所示；Ag-4Pd 键合合金线，晶粒尺寸不均匀，存在部分大晶粒，如图 8-22 所示，晶粒尺寸差异较大，其球焊点呈不规则形状，有部分"耳朵"突出，如图 8-23 所示。在高密度、窄间距封装中，由于基板的面积小，这种球焊点形状不规则的缺陷将使焊点溢出基板，引起器件短路。

图 8-20　晶粒尺寸均匀的 Ag-4Pd-0.5Ru 键合合金线组织

Fig. 8-20　Microstructure of Ag-4Pd-0.5Ru alloy bonding wire with uniform grain size

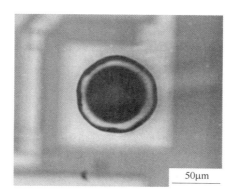

图 8-21　Ag-4Pd-0.5Ru 键合合金线形状均匀的球焊点形貌

Fig. 8-21　Uniformly bonded FAB morphology for AgA2 alloy bonding wire

图 8-22　晶粒尺寸不均匀的 Ag-4Pd 键合合金线组织

Fig. 8-22　Microstructure of AgA1 alloy bonding wire with non-uniform grain size

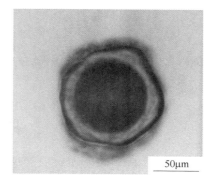

图 8-23　Ag-4Pd 键合合金线形状均匀的球焊点形貌

Fig. 8-23　Non-uniform bonded FAB morphology for AgA1 alloy bonding wire

对于 Ag-4Pd 键合合金线，其晶粒尺寸不均匀，各个晶粒的取向不同，不同晶体学方向上的弹性模量存在差异，不同取向晶体的应力应变曲线也将不同，焊线键合就是在超声波、压力及其温度等复合场中使键合合金线产生形变并达到与基板金属原子间的结合，由于 Ag-4Pd 键合合金线存在粗大晶粒，在键合过程中，粗大晶粒将沿着较易变形的方向形变，进而导致形变不均匀，产生不规则的球焊点形状。Ag-4Pd-0.5Ru 键合合金线，Ru 的加入起到了细化晶粒的作用，使得 Ag-4Pd-0.5Ru 键合合金线晶粒尺寸均匀，没有粗大晶粒，同体积条件下的金属晶粒个数较多，尽管每个晶粒的取向不同，但形变时的协同作用较明显，进而降低了形变的不均匀性程度，形变时同样的形变量可分散到更多的晶粒中，从而产生较均匀的形变，使得球焊点形状较规则，提高了球焊点的连接强度。

8.2.3　丝线材表面处理对键合性能影响

键合铜基丝线材由于其较低的成本因素、优良的电学性能和力学性能，在微电子封装逐步替代金线应用于中低端半导体器件中，但目前铜基丝线材的应用上由于其本身容易腐蚀（氧化）、Cu/Al 金属间化合物在高湿环境下容易失效等原因，在大规模集成电路及 LED 封装中的应用受到了限制。通过表面涂镀，在铜基丝线材表面进行镀钯处理，镀钯铜基丝线材在铜基丝线材表面形成一层纯钯，能够有效提高铜基丝线材的耐腐蚀性能及高湿环境下器件的可靠性，镀钯铜基丝线材由于其良好的性能，在大规模集成电路及 LED 中逐渐替代键合金丝线材应用于芯片和引脚的连接[8]。

键合银基丝线材由于其优秀的电学性能（可降低器件高频噪声、降低大功率 LED 发热量等）及适当的成本因素，且在 LED 封装中可以有效降低光衰，提高转化率，键合银基丝线材的诸多优势使其开始应用于微电子封装中，尤其在 LED 封装中；但对于键合银基丝线材来说，由于其抗氧化性能较弱，应用过程中易于氧化使得键合参数窗口范围较小，致使工艺过程不易于控制；其强度较低，在低弧度引线封装中容易出现塌丝及线弧不稳定等缺陷，以及高温条件下银铝界面电迁移严重引起失效几率较高无法满足大功率 LED 器件使用等问题。通过表面涂镀，在银基丝线材表面进行镀金处理，在键合银基丝线材表面镀一定厚度的金，可以增加键合银线的抗氧化性能，提高其键合窗口；由于金在键合银线表面扩散，可以进一步提高键合银线强度，满足其在低弧度、大功率器件封装中的应用[6]。

8.2.3.1　镀钯铜基丝线材性能对键合质量的影响[8]

Hang C J，Persic J 等研究了化学方法在微细铜线上直接涂镀金属钯，得到了镀层均匀的镀钯铜线[12]；Suresh Tanna，Jairus L. Pisigan 等研究了镀钯铜线上的金属钯对 FAB 硬度的影响，得出了金属钯能够降低 FAB 硬度的结论[13]。

镀钯铜基丝线材性能显著影响键合质量，镀钯铜线钯层厚度过小会造成 ElectronicFlame Off（EFO）过程中的 Free Air Ball（FAB）偏球及第一焊点形状不稳定，过小的钯层厚度会形成高尔夫球杆状的 FAB 球，钯层厚度不应低于线径的 0.47%；伸长率过小和拉断力过大会造成焊点颈部产生微裂纹而造成焊点的拉力和球剪切力偏低；镀钯铜线高强度和低伸长率降低其再结晶温度，造成长的热影响区和颈部晶粒粗大，容易产生颈部裂纹和塌丝[8]。具体如下。

A 不同钯层厚度对键合质量的影响

钯层厚度对 FAB 有较大影响，过小的钯层厚度会形成高尔夫球杆状的 FAB 球，钯层厚度不应低于线径的 0.47%。试验材料为 0.020mm 直径不同钯层厚度的镀钯铜线，钯层厚度分别为 PdCu1：35~50nm、PdCu2：85~100nm。图 8-24 为不同钯层厚度铜线的 FIB 图片。从图中可以看出 PdCu1、PdCu2 钯层厚度分别为 42.35nm 和 96.34nm。

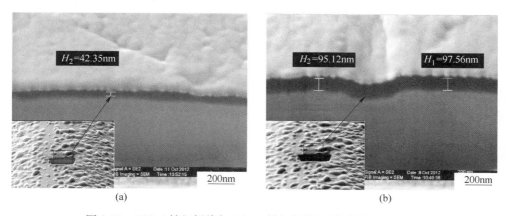

(a)　　　　　　　　　　　　　　　(b)

图 8-24　PdCu1 镀钯铜线与 PdCu2 镀钯铜线钯层厚度的 FIB 分析
(a) PdCu1 镀钯铜线（42.35nm）；(b) PdCu2 镀钯铜线（96.34nm）
Fig. 8-24　FIB analysis of the Pd layer thickness of PdCu1 and PdCu2 copper bonding wire coating Pd
(a) PdCu1 wire（42.35nm）；(b) PdCu2 wire（96.34nm）

图 8-25 分别为 PdCu1、PdCu2 镀钯铜线经过 EFO 后的 FAB 图片。从图中可以看出，PdCu1 镀钯铜线经过 EFO 后其 FAB 成球较偏，呈高尔夫球杆状，如图 8-25（a）所示；PdCu2 镀钯铜线成球规则，对称性较好，如图 8-25（b）所示。图 8-26 为 PdCu1、PdCu2 镀钯铜线 FAB 的 EDS 分析。从图 8-26（a）中可以看出 PdCu1 镀钯铜线的 FAB 上钯的分布不均匀，在曲率较大处钯的含量较高（Spectrum1 位置），钯的含量约为 0.4%，曲率较小处钯含量较低（Spectrum2 位置），钯的含量约为 0.1%，甚至部分区域检测不到金属钯；而 PdCu2 镀钯铜线的 FAB 上，钯的分布较均匀，钯的含量保持在 0.47%，且整个球上都有钯的存在，如图 8-26（b）所示。

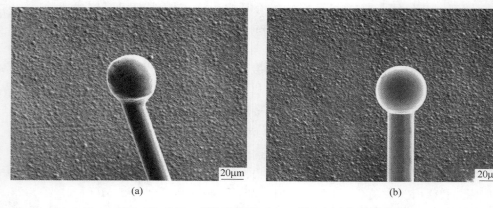

图 8-25　PdCu1 镀钯铜线与 PdCu2 镀钯铜线铜球形貌

（a）PdCu1 镀钯铜线铜球形貌；（b）PdCu2 镀钯铜线铜球形貌

Fig. 8-25　Morphology of PdCu1 and PdCu2 copper coating Pd wires

（a）Morphology of PdCu1 palladium plated copper wire copper ball；（b）Morphology of PdCu2
palla dium plated copper wire copper ball

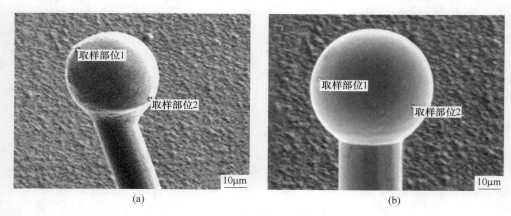

图 8-26　PdCu1 镀钯铜线与 PdCu2 镀钯铜线铜球 EDS 分析

（a）PdCu1 镀钯铜线铜球 EDS 分析（Spectrum1：0.4%，Spectrum2：0.1%）；

（b）PdCu2 镀钯铜线铜球 EDS 分析（Spectrum1：0.46%，Spectrum2：0.48%）

Fig. 8-26　EDS analysis of the ball of PdCu1 and PdCu2 copper coating Pd wire

（a）EDS analysis of the ball of PdCu1（Spectrum1：0.4%，Spectrum2：0.1%）；

（b）EDS analysis of ball of PdCu2（Spectrum1：0.46%，Spectrum2：0.48%）

　　镀钯铜线经过 EFO 后，钯和铜同时熔化并迅速凝固成 FAB，FAB 直径的尺寸约为线径的 2~3 倍，PdCu1 镀钯铜线由于其镀层较薄，其钯不能够均匀分布于 FAB 上，钯的热膨胀系数小于铜的热膨胀系数，在凝固过程中由于表面张力的影响，在钯含量较多的区域，凝固后其曲率半径较大，造成高尔夫球杆形状的

FAB；PdCu2 由于钯层厚度较大，在熔化成球后，钯原子能够均匀的分布在 FAB 上，其成球形状较好。而对于高尔夫球杆状的 FAB 在键合后第一焊点将形成不规则的第一焊点，且在曲率较大位置铜将会溢出，从而造成焊线的短路；此外，高尔夫球杆状 FAB 会造成焊接区域减少，降低第一焊点的拉力和剪切力。因此，对于 0.020mm 镀钯铜线来说，钯层厚度不应该低于 95nm，亦即钯层厚度应该不低于线径的 0.47%。

B 镀钯键合铜基丝线材力学性能（伸长率和拉断力）对键合性能的影响

镀钯铜线的力学性能对 FAB 尺寸和球剪切力没有影响，强度高、伸长率低的镀钯铜线会引起焊点颈部裂纹和降低第二焊点焊接区域。图 8-27～图 8-30 为分别采用 PdCu2-1、PdCu2-2 镀钯铜线键合后，球尺寸、球剪切力、拉力测试统计分析结果。PdCu1、PdCu2 为 0.020mm 直径镀钯铜线分别在不同温度下进行热处理，力学性能分别为 PdCu1、PdCu2 在 250℃热处理 3s，PdCu1-1、PdCu2-1 伸长率为 1.8%，拉断力为 27.2g；PdCu1、PdCu2 在 510℃热处理 4s，PdCu1-2、PdCu2-2 伸长率为 15.2%，拉断力为 7.82g。

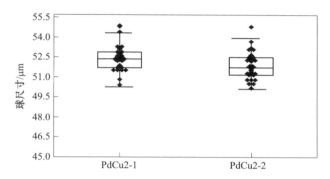

图 8-27　PdCu2-1、PdCu2-2 球尺寸统计分析

Fig. 8-27　Ball size analyses of PdCu2-1, PdCu2-2 copper bonding wire coating Pd

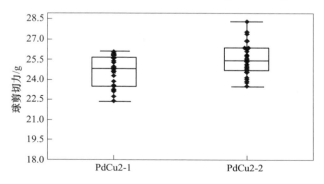

图 8-28　PdCu2-1、PdCu2-2 球剪切力统计分析

Fig. 8-28　Ball shear strength analyses of PdCu2-1, PdCu2-2 copper bonding wire coating Pd

从图 8-27、图 8-28 中可以看出，PdCu2-1、PdCu2-2 经过 EFO 成球后，其球尺寸大小没有差别，同时两种不同力学性能镀钯铜线的球剪切力大小相同；而 PdCu2-1 镀钯铜线的拉力存在个别偏低（低于 3g），如图 8-29、图 8-30 所示，导致器件失效。

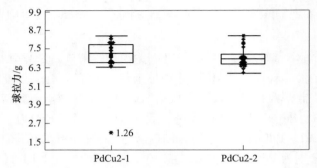

图 8-29　PdCu2-1 和 PdCu2-2 镀钯铜线键合后拉力分析

Fig. 8-29　Ball pull strength analyses of PdCu2-1, PdCu2-2 copper bonding wire coating Pd

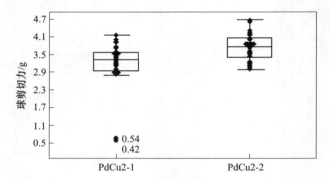

图 8-30　PdCu2-1 和 PdCu2-2 镀钯铜线键合后球剪切力分析

Fig. 8-30　Ball shear force after copper wire bonding of PdCu2-1,

PdCu2-2 copper bonding wire coating Pd

PdCu2-1、PdCu2-2 在 EFO 过程中熔化成球，且尾丝长度一致，由于铜的导热性能好，并在外界气流作用下铜球从与铜线连接方向开始定向凝固形成柱状晶组织，镀钯铜线力学性能的差异在熔化和再次凝固之后将不再存在，因此，PdCu2-1、PdCu2-2 球的大小和球剪切力不存在差异。

图 8-31、图 8-32 分别为 PdCu2-1、铜线和 PdCu2-2 铜线键合后第一焊点和第二焊点的显微形貌。从图 8-31 可以看出不同力学性能对第一焊点颈部影响。第一焊点颈部需要反复大变形来完成焊线的成拱，铜线由于其硬度和强度高且加工硬化严重，热超声键合在瞬间产生较大变形，从而会导致严重的应力集中，如果铜线本身存在应力，其塑性变形能力不足，则在超声、压力和温度等复合场的作

用下，使第一焊点颈部产生严重应力集中并伴有滑移产生，如图 8-31（a）所示，进而引起微裂纹，致使第一焊点颈部断裂而失效。对于第二焊点，其键合过程中是铜线在劈刀作用下，对其施加一定的超声和压力实现第二焊点的键合连接，铜线的伸长率偏低，同时强度较高，其键合过程中由于铜线内部存在明显的应力集中，会造成第二焊点颈部开裂，如图 8-32（a）所示；此外，由于强度高伸长率低，其塑性变形能力较差，还会造成第二焊点无鱼尾，如图 8-32（b）所示，致使第二焊点键合区域小，拉力过低，造成器件失效。

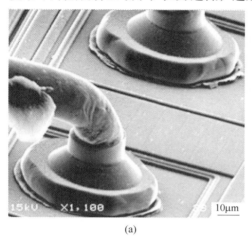
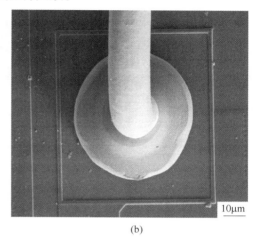

(a)   (b)

图 8-31　PdCu2-1 镀钯铜线与 PdCu2-2 镀钯铜线第一焊点形貌

（a）PdCu2-1 镀钯铜线形貌（颈部裂纹）；（b）PdCu2-2 镀钯铜线形貌

Fig. 8-31　First solder morphology of PdCu2-1 and PdCu2-2 copper bonding wire coating Pd

（a）Morphology of PdCu2-1（neck crack）；（b）Morphology of PdCu2-2

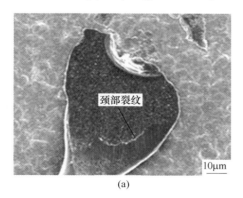
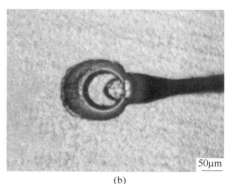

(a)   (b)

图 8-32　PdCu2-1 镀钯铜线与 PdCu2-2 镀钯铜线第二焊点形貌

（a）第二焊点颈部裂纹；（b）第二焊点无鱼尾

Fig. 8-32　Second solder joint morphology of PdCu2-1 and PdCu2-2 copper bonding wire coating Pd

（a）Neck crack in the second solder joint；（b）Second solder joint without fish tail

　　C　镀钯键合铜基丝线材力学性能（伸长率和拉断力）对热影响区的影响

　　镀钯铜线内部缺陷（应力）降低线材的再结晶温度，增加镀钯铜线的热影响区长度，造成颈部裂纹或塌丝。图 8-33 为 PdCu2-1、PdCu2-2 镀钯铜线的热影响区。PdCu1、PdCu2 为 0.020mm 镀钯铜线分别在不同温度下进行热处理，力学性能分别为 PdCu1、PdCu2 在 250℃热处理 3s，PdCu1-1、PdCu2-1 伸长率为 1.8%，拉断力为 27.2g；PdCu1、PdCu2 在 510℃热处理 4s，PdCu1-2、PdCu2-2 伸长率为 15.2%，拉断力为 7.82g。从图 8-33 中可以看出 PdCu2-1 的热影响区高于 PdCu2-2 的热影响区，其长度分别为 150μm 和 120μm。

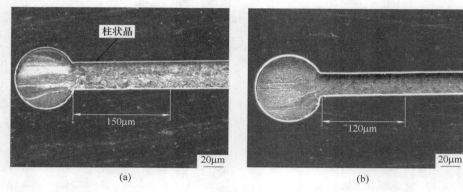

图 8-33　PdCu2-1 镀钯铜线与 PdCu2-2 镀钯铜线热影响区长度
（a）PdCu2-1 镀钯铜线热影响区；（b）PdCu2-2 镀钯铜线热影响区
Fig. 8-33　The heat affected zone length of PdCu2-1 and PdCu2-2 copper bonding wire coating Pd
（a）Heat affected area of PdCu2-1；（b）Heat affected area of PdCu2-2

　　PdCu2-1 镀钯铜线有高强度和低伸长率，线材内部存在加工硬化现象，线材内部存在较多的滑移、位错等缺陷，这些线材内部的缺陷会造成线材再结晶温度的降低，即 PdCu2-1 线材的再结晶温度低于 PdCu2-2 线材。在 EFO 过程受到端部热流的影响，PdCu2-1 线材由于内部缺陷较多，参与形核的原子团较多，加上低的再结晶温度，其热影响区长度较长，且颈部容易形成粗大晶粒，造成线材颈部力学性能降低，焊接过程中容易造成颈部裂纹和塌丝现象（尤其在低弧度焊接中），造成器件失效。

8.2.3.2　镀金键合银基丝线材性能对键合质量的影响[6]

　　Yi-Wei Tseng 等研究了镀 Au 键合 Ag 线组织结构及特性，发现镀 Au 层可以增加键合 Ag 抗氧化性能，以及镀 Au 键合 Ag 线热处理过程中产生了孪晶组织[14]。Tanna Suresh 等研究镀 Pd 键合 Ag 线 Free Air Ball（FAB）特性，镀 Pd 键合 Ag 线可以改善 FAB 形状的结论[15]。

镀 Au 银基丝线材性能显著影响键合质量，镀 Au 键合银线镀层厚度过小会造成 Electronic-Flame-Off（EFO）过程中的 FAB 偏球及球焊点形状不稳定，镀层厚度过大会导致 FAB 变尖；高强度、低伸长率会造成焊点颈部产生裂纹而造成焊点的拉力偏低并在颈部断裂，低强度、高伸长率引起颈部晶粒粗大进而降低颈部连接强度；镀 Au 键合银线颈部应力集中或内部组织结构不均匀，在冷热冲击周期性形变作用下，球焊点颈部产生裂纹并引起电阻增加，进而导致器件失效[6]。

A 不同镀金层厚度对镀 Au 键合银基丝线材无空气焊球（Free Air Ball）形状的影响

镀 Au 键合银基丝线材金层厚度影响 FAB 形状，过小的金层厚度会形成高尔夫球杆状的 FAB 球，过大的金层厚度会导致 FAB 底部变尖，0.025mm 镀 Au 键合银基丝线材其金层厚度约为 108.0nm。图 8-34 为不同镀 Au 厚度 AgAu1、AgAu2、

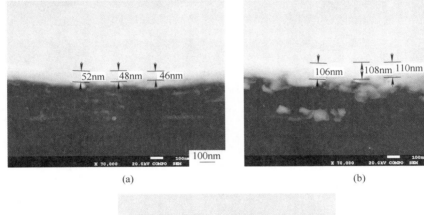

(a)   (b)

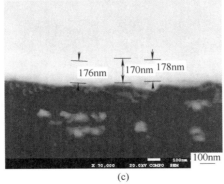

(c)

图 8-34 镀 Au 键合 Ag 线镀层厚度分析

（a）AgAu1（46nm）；（b）AgAu2（108nm）；（c）AgAu3（176nm）

Fig. 8-34 The analysis of Au coated Ag bonding wires

（a）AgAu1（46nm）；（b）AgAu2（108nm）；（c）AgAu3（176nm）

AgAu3 键合银基丝线材的 SEM 图片。AgAu1、AgAu2、AgAu3 为直径 0.025mm 不同金层厚度的镀 Au 键合银线，金层厚度分别为：AgAu1：30～60nm、AgAu2：90～120nm、AgAu3：150～180nm。从图 8-34 中可以看出 AgAu1、AgAu2、AgAu3 金层厚度平均值分别为 48.7nm、108.0nm 和 174.7nm。

　　图 8-35 分别为 AgAu1、AgAu2、AgAu3 经过 Electronic-Flame-Off（EFO）后的 FAB 形貌及其 EDS 分析图片。从图 8-35 中可以看出，AgAu1 经过 EFO 后其 FAB 为非圆球，呈高尔夫球杆状，如图 8-35（a）所示；AgAu2 成球规则，对称性较好，如图 8-35（b）所示；AgAu3 成球不规则，底部出现尖顶，如图 8-35（c）所示。从表 8-4 和图 8-35（a）中可以看出 AgAu1 的 FAB 上金的分布不均匀，FAB 接近镀 Au 键合 Ag 线连接部位一侧，即 FAB 曲率较小处金含量较高，约为 0.89%（1 位置），在 FAB 中部和下部，金含量分别为 0.54%（2 位置）和 0.38%（3 位置）；AgAu 2 的 FAB 上金的分布较均匀，金的含量平均值约为 1.59%（1 位置、2 位置、3 位置所示），如图 8-35（b）所示；对于 AgAu3，在 FAB 尖顶区域金含量较高，约为 3.86%（1 位置），FAB 中部金的含量约为 2.04%

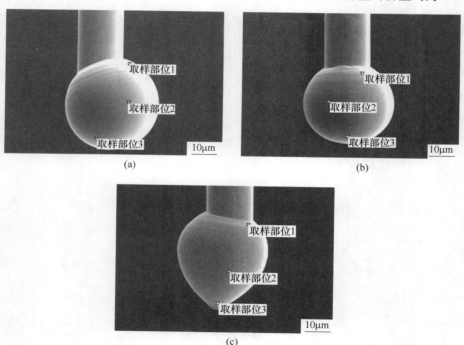

图 8-35　镀 Au 键合 Ag 线 FAB 形貌及 EDS 分析

（a）AgAu1；（b）AgAu2；（c）AgAu3

Fig. 8-35　The morphology of ball and EDS analysis for Au coated Ag bonding wires

（a）AgAu1；（b）AgAu2；（c）AgAu3

（2 位置），FAB 上部接近镀 Au 键合 Ag 线部分金含量较低（3 位置），金含量约为 1.56%，如图 8-35（c）所示。

表 8-4 镀 Au 键合 Ag 线 FAB 表面 EDS 分析
Table 8-4 The EDS analysis for Au coated Ag bonding wires FAB

类型	监测点	Ag/wt%	Au/wt%
AgAu1	Spectrum 1	99.11	0.89
	Spectrum 2	99.46	0.54
	Spectrum 3	99.62	0.38
AgAu2	Spectrum 1	98.49	1.51
	Spectrum 2	98.41	1.59
	Spectrum 3	98.33	1.67
AgAu3	Spectrum 1	96.14	3.86
	Spectrum 2	97.96	2.04
	Spectrum 3	98.44	1.56

镀 Au 键合 Ag 线经过 EFO 后，金和银同时熔化并在表面张力作用下形成 FAB，且颈部向球底部迅速凝固，FAB 直径约为线径尺寸的 2~3 倍，由于 AgAu1 镀层较薄，其金不能够均匀包裹在 FAB 表面，致使金局部分布在 FAB 表面，由于 Au 在熔点温度时（1064℃）的表面张力为 1444mN/m，Ag 在熔点温度时（962℃）的表面张力为 1106mN/m；当两者同处于熔融状态时，由于凝固时间极短（6~7ms）Au 无法有效向 Ag 扩散，此时，Au 和 Ag 同时分别凝固，Ag 的表面张力明显小于 Au，在凝固过程中，由于表面张力的影响在 Au 含量较多的区域，凝固后其曲率半径较小，造成高尔夫球杆形状的 FAB，如图 8-35（a）所示；AgAu2 由于 Au 层厚度适中，在熔融成球后，Au 原子能够均匀地包裹在 FAB 表面，其成球形状较好；对于 AgAu3，其 Au 层较厚，FAB 凝固从接近颈部部位开始并向球底部进行，由于 Ag 的热导率（429W/(m·K)）高于 Au 的热导率（317W/(m·K)），Au 凝固速率将低于 Ag 凝固速率，且在 FAB 底部最后凝固，在其较大的表面张力和重力作用下，从而在底部形成尖顶状，如图 8-35（c）所示。高尔夫球杆状的 FAB 在键合后球焊点将形成不规则形状，且在曲率较小位置焊球部分会溢出，从而造成焊线的短路，如图 8-36 所示；此外，高尔夫球杆状 FAB 还会导致球焊接区域面积减少，降低球焊点的拉力、剪切力及其器件的可靠性；对于尖顶状的 FAB 将导致键合后球焊点连接面积不足，其球推力和球拉力较低，从而导致第一焊点连接强度不足，引起器件失效。因此，对于 0.025mm 镀 Au 键合 Ag 线来说，金层厚度约为 10.8μm，亦即金层厚度为其线径的 0.43%。

图 8-36　镀 Au 键合 Ag 线不规则 FAB 导致球焊点部分外溢

Fig. 8-36　The overflow caused by golf ball of Au coated Ag bonding wire

B　镀金键合银基丝线材力学性能（伸长率和拉断力）对球键合强度的影响

镀 Au 键合银基丝线材高强度（拉断力）、低伸长率引起键合点颈部裂纹，低强度（拉断力）、高伸长率引起颈部晶粒粗大进而降低颈部连接强度。

对直径 0.025mm AgAu2 分别在不同参数下进行热处理，热处理参数及其力学性能分别为：AgAu2-a 在 360℃ 热处理 3s，其伸长率为 8.4%，拉断力为 14.4g；AgAu2-b 在 420℃ 热处理 3s，其伸长率为 16.2%，拉断力为 8.6g；AgAu2-c 在 480℃ 热处理 3s，其伸长率为 14.4%，拉断力为 8.4g。图 8-37 为分别采用 AgAu2-a、AgAu2-b、AgAu2-c 键合后（键合方式为 Bonded Stitch on Ball，BSOB 模式）球拉力测试统计分析结果。从图 8-37 中可以看出，AgAu2-a 拉力值范围波动较大，最小值 6.5g，最大值 16.0g；AgAu2-b 镀 Au 键合 Ag 线球拉力分布均匀，波动范围较小，拉力值在 9.5～11.5g 之间分布；AgAu2-c 拉力值较低且波动范围较大。

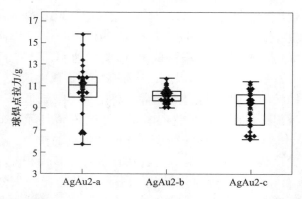

图 8-37　AgAu2-a、AgAu2-b 和 AgAu2-c 镀 Au 键合 Ag 线球焊点拉力分析

Fig. 8-37　Analysis of ball pull force for AgAu2-a，AgAu2-b and AgAu2-c

图 8-38 为 AgAu2-a、AgAu2-b 和 AgAu2-c 球焊点拉力断点位置统计。由图 8-38 可知，AgAu2-b 球拉力断点位置基本都在中间断裂（正常断裂位置），AgAu2-a 和 AgAu2-c 镀 Au 键合 Ag 线球拉力在颈部位置断裂较多，其在颈部位置断裂的比例分别为 43.3% 和 70%。图 8-39、图 8-40 分别为 AgAu2-a 和 AgAu2-c 镀 Au 键合银线球焊点形貌。由图 8-39 可知，AgAu2-a 镀 Au 键合银线球焊点颈部位置存在微小裂纹，由于 AgAu2-a 镀 Au 键合银线热处理温度较低，热处理后存在部分应力集中，且强度较高，伸长率较低，球焊点颈部在劈刀作用下反向大变形后在正向成弧；由于球焊点与楔焊点高度差较大，焊球颈部的成弧形变量大，存在应力集中，颈部热影响区位置力学性能严重降低，从而形成颈部裂纹，致使其球焊点拉力在颈部断裂，且拉力值较小。对于 AgAu2-c，其热处理温度较高，热处理过程中产生晶粒生长，如图 8-40（a）所示，强度开始下降，在颈部热影响区位置晶粒进一步增大，如图 8-41 所示，力学性能降低，进而球拉力断点位置较多出现在颈部大晶粒出，产生晶间断裂，如图 8-42 所示；AgAu2-b 在其热处理过程中未出现晶粒粗大现象，组织结构较为均匀，如图 8-40（b）所示，其塑性变形能力较好，键合过程中具有较好的颈部强度，消除了颈部断裂缺陷。

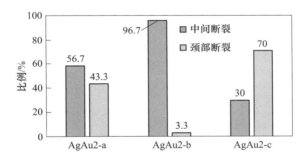

图 8-38　AgAu2-a、AgAu2-b 和 AgAu2-c 镀 Au 键合 Ag 线球焊点拉力断点位置对比

Fig. 8-38　Comparative analysis of broken location for AgAu2-a, AgAu2-b and AgAu2-c

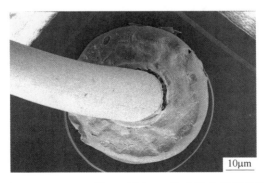

图 8-39　AgAu2-a 镀 Au 键合 Ag 线球焊点颈部裂纹

Fig. 8-39　The neck crack morphology of ball bonded for AgAu2-a Au coated Ag bonding wire

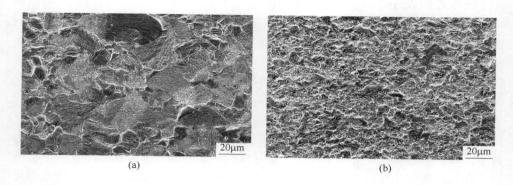

(a)　　　　　　　　　　　　　　　　　　(b)

图 8-40　AgAu2-b 和 AgAu2-c 镀 Au 键合 Ag 线组织结构

（a）AgAu2-c；（b）AgAu2-b

Fig. 8-40　The structures for AgAu2-c and AgAu2-c Au coated Ag bonding wire

（a）AgAu2-c；（b）AgAu2-b

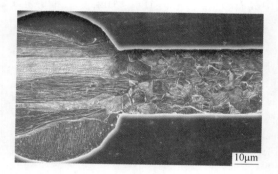

图 8-41　AgAu2-c 镀 Au 键合 Ag 线 FAB 颈部组织结构

Fig. 8-41　The FAB neck structures for AgAu2-c Au coated Ag bonding wire

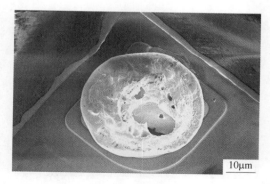

图 8-42　AgAu2-c 镀 Au 键合 Ag 线球焊点断口形貌

Fig. 8-42　The broken morphology of ball bonded for AgAu2-c Au coated Ag bonding wire

C 镀金键合银基丝线材力学性能（伸长率和拉断力）对键合可靠性的影响

镀 Au 键合银基丝线材颈部应力集中或内部组织结构不均匀，冷热冲击过程中在周期性形变作用下，颈部产生裂纹并引起电阻增加，产生发黑现象，引起断路失效。

图 8-43 为 AgAu2-a、AgAu2-b、AgAu2-c 键合后冷热冲击可靠性试验结果。由图 8-43 可知，AgAu2-a 镀 Au 键合银线冷热冲击 200 次后开始出现失效（死灯），经过 500 次后有 14%失效，1000 次后有 90%失效；AgAu2-b 镀 Au 键合银线冷热冲击 200 次后未出现失效（死灯），经过 500 次后有 14%失效，1000 次后有 70%失效；AgAu2-c 镀 Au 键合银线冷热冲击 200 次后未出现失效（死灯），经过 300 次后有 60%失效，500 次后有 76%失效，1000 次后完全失效。

图 8-44 为经过冷热冲击后的 AgAu2-a、AgAu2-b、AgAu2-c 球焊点形貌。由图 8-44（a）可知，AgAu2-a 镀 Au 键合 Ag 线，其经过冷热冲击试验后，球焊点颈部出现明显裂纹；对于 AgAu2-c 镀 Au 键合 Ag 线，颈部明显发黑，如图 8-44（c）所示，并伴随明显裂纹；对于 AgAu2-a 和 AgAu2-c，由于其力学性能较差，颈部应力集中或内部组织结构不均匀，冷热冲击过程中在周期性形变作用下，其颈部产生裂纹并引起电阻增加，进而产生发黑现象，并进一步出现球焊点颈部断裂，引起断路失效。AgAu2-b 镀 Au 键合 Ag 线，其内部组织结构均匀，力学性能较稳定，其抵抗周期性应变能力较强，颈部没有裂纹和发黑，如图 8-44（b）所示，可靠性较 AgAu2-a 和 AgAu2-c 高。

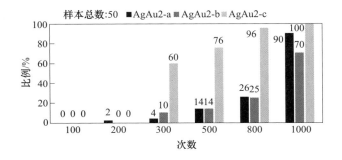

图 8-43 AgAu2-a、AgAu2-b 和 AgAu2-c 镀 Au 键合 Ag 线失效分析

Fig. 8-43 Failure analysis of AgAu2-a, AgAu2-b and AgAu2-c

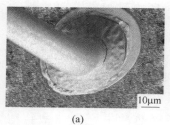 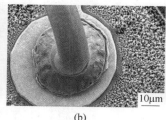 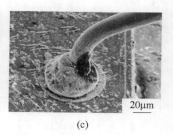

(a) 　　　　　　　　　　　(b) 　　　　　　　　　　　(c)

图 8-44　镀 Au 键合 Ag 线冷热循环后球焊点形貌

（a）AgAu2-a；（b）AgAu2-b；（c）AgAu2-c

Fig. 8-44　Ball bonded morphology of Au coated Ag bonding wire after thermalcycling

（a）AgAu2-a；（b）AgAu2-b；（c）AgAu2-c

8.3　微细丝线材键合工艺及可靠性

在整个微细丝线材球焊过程中，决定键合过程能否有效进行以及键合质量好坏的关键因素为以下键合参数：超声功率、键合压力、键合时间和键合温度。

8.3.1　键合参数及键合点可靠性研究进展

8.3.1.1　键合参数研究现状

在引线键合工艺中，影响引线与基板连接强度的因素多种多样，而超声功率、键合压力、键合时间和键合温度等键合参数直接影响芯片与基板的连接强度及整个系统的能量传递，是键合质量关键。

键合质量及其影响因素被普遍关注，近年来国内外学者对键合参数及其匹配影响等进行了大量研究。Jun Qi 等研究了金线键合过程中超声功率和键合压力对键合连接强度的影响，发现超声功率和键合压力不匹配会明显降低连接强度[16]；钟掘、Junhui Li 等人对键合温度对键合质量的影响进行了研究，证明了过高或过低的温度都不能形成有效键合连接强度[17~19]。

铜线与金线相比，具有高的强度、低的成弧性及容易氧化的特性，其键合工艺将更为复杂[20,21]。由于键合铜基丝线材自身的特性，键合参数的匹配和优化对铜基丝线材键合尤为重要，过高键合能量和过高的键合压力会使电介质层产生微小裂纹、基板破裂、以及 NSOL（No stitch on leadfream）、short tail、焊盘金属层挤出等现象；键合过程中焊盘金属层的挤出会导致键合点连接强度下降；铜丝、引线框架过度氧化以及键合参数过小都有可能造成第二焊点键合点虚焊和第二焊点鱼尾形状不明显等现象，如图 8-45 所示，这样会造成第二焊点无拉力或拉力较低。

图 8-45　键合工艺参数不当导致第二焊点键合区窄

Fig. 8-45　Improper parameters lead to narrow shape for the second bond

8.3.1.2　烧球工艺及球晶粒尺寸研究进展

C. J. Hang 等研究了铜线硬度对铜线球焊过程的影响，验证了较短的 Electronic-Flame-Off（EFO）时间能够降低铜球的硬度的结论[22]。铜球质量好坏直接影响了球键合点的形成质量和可靠性。而铜球形成质量的好坏又取决于尾丝形成质量和烧球工艺参数的选择。

影响烧球质量的主要工艺参数有尾丝长度、烧球电流、烧球电压、烧球时间以及尾丝与打火杆之间的距离（Electrode-Wire Distance，EWD）等[23~25]，Tan[26] 等人对不同直径的铜丝烧球过程进行了实验研究并总结出描述铜球直径与设定烧球电流、烧球时间的经验公式，如式（8-1）所示：

$$t = \frac{e^{\frac{FAB + C_1 D_w^2 + C_2 D_w + C_3}{C_4 D_w^2 + C_5 D_w + C_6}}}{I^n} \qquad (8-1)$$

式中，t 为预测烧球时间；FAB 为目标铜球直径；I 为烧球电流；D_w 为尾丝与打火杆之间的距离。在其他烧球参数如烧球电压、EWD 等不变的情况下，可以根据以上经验公式选择不同的烧球时间与烧球电流的参数组合来获得目标直径的铜球。同样大小的 FAB，铜需要比金更高的能量，铜球对质量要求更加严格，见表 8-5。

表 8-5　金球与铜球质量要求

Table 8-5　Quality of gold ball vs. copper ball

金　　球	铜　　球
同心球	球的大小一致性
	同心球
	没有氧化
	没有空隙

　　烧球过程中铜球周围的气体由于温度骤然升高而发生剧烈的膨胀并导致该区域气场发生紊乱[27~29]，如果防氧化保护气体流量不足，周围环境中的一些氧气将会被卷入到烧球环境中并使铜球表面发生氧化[30,31]，液态铜球表面上氧化物的出现导致液体表面张力急剧下降[32]，最终导致尖头铜球的形成或高尔夫球。此外，保护气体的性质也对铜球产生影响，Pequegnat 等[33]研究发现，采用 N_2+H_2混合气体保护，铜球圆度好，偏心的概率较低，而单独采用 N_2 气体保护，其形成偏心球的几率较高，如图 8-46 所示。其原因是在保护气体中混入 H_2，在烧球的瞬间，由于 H_2的作用，会产生电弧收缩效应，在电弧收缩效应的作用下使铜球圆度较好；如果保护气体为纯 N_2，则在烧球过程中会产生电弧发散效应，在电弧发散效应的作用下，烧球过程中受热不均匀，易于形成偏心球。因此，键合过程中的 N_2+H_2气体保护是烧球质量的一个关键，同时也是获得良好键合点性能的必要条件。

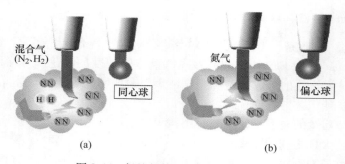

图 8-46　保护气体对烧球质量的影响
（a）电弧收缩效应；（b）电弧发散效应
Fig. 8-46　Influence of protect gas to EFO
（a）Arc contraction effect；（b）Arc divergent effect

　　此外，保护气体的性质也决定了铜球的内部组织结构，图 8-47 中所示为不同种类保护气体下铜球表面照片[34]。在纯氮氛围下所形成的铜球表面弥散分布着少量铜氧化物，并且有空洞出现，如图 8-47（a）中所示。这与烧球过程的电弧发散效应有关，这些空洞和铜氧化物的存在对球键合点的键合质量有一定影响，但在实际应用中仍可被接受；氮气环境下形成的 FAB，柱状晶粒比较短，数量较多，使用 $95\%N_2$+$5\%H_2$混合气体可得到更好的防氧化效果[35]。烧球过程中还原性气体 H_2可以将铜丝表面的铜氧化物部分还原，烧球后得到的铜球表面清洁光滑，无明显氧化物存在，且铜球内部以柱状晶为主，如图 8-47（b）所示。

8.3.1.3　微细丝线材键合点可靠性研究现状

　　球键合点的键合强度及可靠性主要取决于键合界面处金属间化合物的生长情

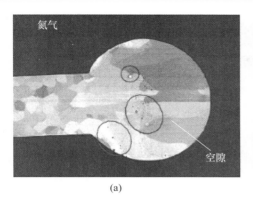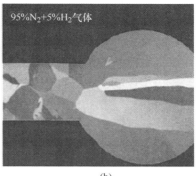

图 8-47 铜 FAB 在不同气体下铜球的组织结构

（a）高纯 N_2 ；（b）高纯 N_2+5%高纯 H_2

Fig. 8-47 Structure of FAB in different protect gas

（a）High purity N_2 ；（b）High purity N_2+high purity H_2

况。键合点与焊盘之间需要一定数量的金属间化合物来增强键合强度，但过多金属间化合物会引起键合界面处电阻率的上升，电子器件运行过程中该处产热量将上升。热量的累积将引起温度升高并加快金属间化合物的生长，导致电阻率进一步上升。如此恶性循环将影响键合点的电、热学性能并加快键合点的失效。

H. Xu[41]等人对 Cu/Al 以及 Au/Al 球键合点进行剪切测试后发现 Cu/Al 键合点的剪切断面穿过铝焊区，如图 8-48（a）所示，可见 Cu/Al 键合点键合强度要高于铝焊盘本身的强度。而 Au/Al 键合点的剪切断面则在金球键合点内部，如图 8-48（b）所示，Au/Al 键合点键合强度要低于铝焊盘本身的强度，这也表明 Cu/Al 键合点的键合强度明显高于 Au/Al 键合点。

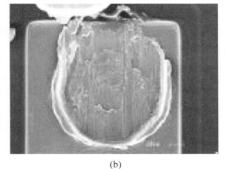

图 8-48 剪切测试后的焊点残留[41]

（a）金球；（b）铜球

Fig. 8-48 Bond residuse after shear test[41]

（a）Au bond；（b）Cu bond

铜丝球焊键合过程中 Cu/Al 键合点失效模式可能出现以下几种[36]：电介质层破裂、硅片破裂、楔键合点虚焊、弱强度键合点、键合点外形尺寸不一致、焊盘金属层被挤压等。目前普遍使用剪切力或剪切强度来评价球键合点键合强度并用拉力评价楔键合点键合强度[37~39]。在剪切工具的作用下 Cu/Al 键合点将会在以下几个位置发生断裂[40]：铜球内部、铜铝结合面、铝焊盘层、硅铝界面以及硅片内部，如图 8-49 所示。

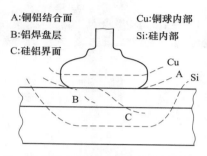

A:铜铝结合面　　　　Cu:铜球内部
B:铝焊盘层　　　　　Si:硅内部
C:硅铝界面

图 8-49　铜球键合点剪切测试主要断裂分离形式

Fig. 8-49　Failure mode of copper bond shear strength test

拉力测试中铜键合点失效的主要模式是楔键合点脱落，也存在少量的铜丝中间断裂、球颈断裂的情况。经过高温老化后 Cu/Al 键合点主要失效模式为：连接失效、界面失效以及铜球断裂，失效具体形式取决于老化条件[42]。Cu/Al 键合点系统中，焊盘金属层、铜球以及金属间化合物层三者之间最薄弱的环节是焊盘金属层，所以键合点受剪切时将会在焊盘金属层内发生断裂[43]。铜球键合点受剪切力作用时还会出现弹坑等较严重的失效形式。在剪切工具以及坚固的键合界面传递作用下，剪切力对焊盘金属层直接作用并形成剪切型弹坑。此外，由于化学成分、晶粒大小、分布、塑性变形等因素的影响还会产生应力腐蚀型裂缝。键合点内部的残余应力也可能会导致一些不可见的内部损害，在剪切测试时发展成弹坑。

经长时间热循环测试后，Cu/Al 键合点也可能会出现剪切型弹坑，其主要原因是 Si 与 Cu、Al 等材料的热膨胀系数不匹配，热循环会产生类似于应力应变后的疲劳，在干燥无腐蚀的环境里只要应力不超过疲劳极限就不会形成弹坑或裂纹，只会在两者之间产生一定数量的内应力。一旦有外加应力的作用且内、外应力之和超过疲劳极限时，将出现大量剪切型弹坑[44]。

8.3.2　铜基丝线材键合工艺及可靠性

在整个铜基丝线材球焊过程中，决定键合过程能否有效进行以及键合质量好坏的关键因素为铜基丝线材键合参数：超声功率、键合压力、键合时间和键合温度。

近年来国内外学者对键合点可靠性及 Cu/Al 金属间化合物进行了不少试验研究，Kin[57]等人认为 Cu/Al 金属间化合物生长速度要比 Au/Al 的慢 100 倍，具有较高的可靠性；Huang C J[58]等人研究了铜键合界面高温存储可靠性，得出了高温存储的键合焊点其 Cu/Al 界面发生扩散反应，并出现由两层金属间化合物（Intermetallic Compounds）构成的反应层的结论。

曹军[1]等人进行了键合铜基丝线材的球键合工艺及可靠性研究，试验材料为 0.050mm 的微合金键合铜线，铜线性能指标为：伸长率 21.58%，拉断力 44.62g；键合设备型号：ASM Eagle60；封装形式：SOP008；劈刀类型：SPT SU-50220-415E-ZU36-E；拉力、剪切力测试设备：Dage Series 4000，BS250；剪切高度为 5.0μm，推球速度为 500.0μm/s。

8.3.2.1 键合铜基丝线材的球键合工艺

超声功率是键合过程中的关键，过大的超声功率使键合区域变形严重产生明显的裂纹，并会引起键合附近区域严重的应力集中，致使器件使用过程中产生微裂纹；过大的超声功率还会破坏已经形成的键合区域导致键合强度下降，形成无连接和剥离的结果；而过小的超声功率不能为键合强度的形成提供足够的能量，形成无强度连接和脱落。

键合过程中，键合压力的不当会导致弹坑缺陷，并且键合过程中铜球传递给铝焊盘的压力的最大位置均在劈刀嘴部所对应处，形成可靠连接，铝焊盘中部，所受压力比较小，铜球不能经历充分的塑性变形，在铝金属化焊盘上不能完全铺展开来，铝膜所受的挤压较轻，将会形成薄弱连接。

A 超声能量对铜球焊点质量的影响

超声在界面处形成的机械振动而产生的能量由式（8-2）计算：

$$E = \int u(t) P(t) V(t) \, dt \qquad (8-2)$$

式中，$u(t)$ 为铜球和铝焊盘之间的摩擦系数；$P(t)$ 为劈刀施加的键合压力；t 为键合时间；$V(t)$ 为铜球相对铝焊盘的振幅[45]。

式（8-2）表明键合过程中界面处由于机械振动产生的热量是由超声参数和压力参数共同决定的，可见影响球键合焊点质量的这四个参数之间是相互关联的。

超声能量对键合过程的作用主要体现在：一方面，有效降低铜球在塑性变形阶段的变形阻力，使得变形过程容易进行；利用超声在键合初期造成的铜球和铝焊盘之间的机械摩擦可以有效去除铝表面的脆性氧化物层，并在一定程度上减少铜表面的氧化物；另一方面，由于铜丝比金丝硬，超声在键合界面处形成的摩擦可以产生一定的能量，有助于进一步软化铜丝，并促进键合过程中键合界面处的金属原子扩散。但是施加的超声能量过小，焊接无法实现，出现 Non-Stick on Pad（NSOP）现象，如图 8-50 所示。随着键合能量的进一步减少，产生 NSOP 的可能性会急剧增加。分析认为这是由于超声能量过小，键合界面处的氧化物层不能被充分去除而引起的。

　　反之，随着超声能量的增大，铜球的变形量、焊点直径也随之变大，球形高度下降，铝膜受挤压程度变得更加严重，但是键合过程中铝膜受挤压程度是一个需要严格控制的量，铝膜过度的挤压可能导致铜球传递到芯片的压力加大，诱发弹坑缺陷的发生而使芯片失效，如图 8-51 所示键合过程中出现的弹坑缺陷。

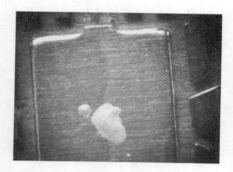

图 8-50　施加超声能量小导致的空粘现象　　　图 8-51　超声过大导致弹坑缺陷
Fig. 8-50　No stitch due to low power　　　Fig. 8-51　Crater caused by excessive power

　　图 8-52 为键合过程中超声功率过大造成的键合失效，过大的超声功率使键合区域变形严重产生明显的裂纹，形成根断现象，导致球剪切力过低而失效；其次，过大的超声功率还会引起键合附近区域严重的应力集中，进一步加工后还有较大的残余应力存在，致使器件使用过程中产生微裂纹而降低器件的使用寿命；

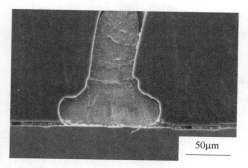

50μm

图 8-52　键合超声功率过大造成的基板裂纹
Fig. 8-52　The pad crack caused by excessive bonding power

另一方面，过大的超声功率还会破坏已经形成的键合区域导致键合强度下降，从而形成无连接和剥离的结果。而过小的超声功率不能为键合强度的形成提供足够的能量，造成键合强度较小，形成无强度连接和脱落。

B 键合压力对键合性能的影响

一般认为，键合压力在一定程度上决定了铜基丝线材球焊键合过程中铜球的变形程度。而铜球的变形程度和球焊点的质量有直接的关系。铜球的变形程度大，形成的焊点尺寸就越大，换而言之就是接头可以承载的有效载荷的面积加大。因此，合理控制键合压力对获得高强度铜球焊点也非常重要。

图 8-53 为键合压力过大引起的焊盘变形。键合过程是在超声、压力、温度等多个能场共同作用下而实现的，过大的键合压力会引起较大的接触应力，致使焊盘变形和铝层溢出。

50μm

图 8-53 键合压力过大造成的焊盘变形

Fig. 8-53 The pad deformation and aluminum layer overflow caused by excessive bonding force

与传统的金丝线材球焊相比，铜基丝线材的硬度和初始屈服应力还是主要影响焊接工艺的主要因素。因此要想形成有效的承载面积相当的焊点，铜基丝线材球焊所施加的压力要比金丝球焊高出许多，这也就意味着铜基丝线材球焊过程对铝焊盘的挤压程度要比金丝线材球焊高出许多。虽然一定量的铝膜挤压，可以使铝膜与铜球之间形成紧密结合，从而有效提高焊点的键合强度。图 8-54、图 8-55 为不同键合压力下的第一焊点形状。从图中可以看出，键合压力的改变对球的形状较大，键合压力的增大同时也增加了对铝膜的挤压，如果铝膜受挤压的程度格外剧烈，很容易使铜球和硅芯片发生直接接触，导致铝膜在键合过程中对芯片的缓冲保护作用就会取消，极有可能诱发弹坑缺陷的发生，如图 8-51 所示。而且键合压力过大引起焊后应力过大、引弧加工硬化形成大的残余应力，导致焊盘变形、焊点底部焊盘内产生裂纹等严重缺陷。

王春青教授等人研究发现，弹坑缺陷在压力过大或者过小的情况下都有可能发生[46]。过大的压力容易导致弹坑缺陷很容易理解，过小的压力导致弹坑缺陷的原因，分析认为是由于当键合压力过小时，铜球受挤压程度较小，铜球底部与

图 8-54　低压力（70g）参数的第一焊点形貌	图 8-55　高压力（120g）参数的第一焊点形貌
Fig. 8-54　The first bond morphology of low（95g）parameters	Fig. 8-55　The first bond morphology of high（120g）parameters

铝焊盘接触部分没有得到充分的铺展，此时铝焊盘与铜球接触位置受的压力较大，这样传递到芯片的压力也就会较大，由此可能引起弹坑缺陷。另外，铜球传递给铝焊盘的压力的最大位置均在劈刀嘴部所对应处，在这些位置上铝焊盘所受的压力较大，从而形成可靠连接。而铝焊盘中部，所受压力比较小，铜球不能经历充分的塑性变形，在铝金属化焊盘上不能完全铺展开来，铝膜所受的挤压较轻，将会形成薄弱连接。如图 8-56 所示球焊点界面受力示意图。

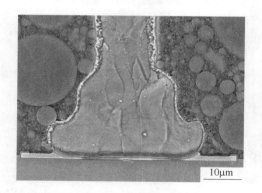

图 8-56　球焊点界面受力示意图

Fig. 8-56　Diagram of bonding force in ball bonding interface

C　键合温度对铜球焊点质量的影响

铜基丝线材球焊和金丝线材球焊一样，在键合过程进行之前必须提供一定的焊前键合温度。焊前预热的主要作用：（1）可以软化铝金属化焊盘，有效去除键合初期焊盘表面的脆性氧化物层。（2）可以软化金属丝，提高其塑性，降低其抵抗变形的能力，这对形成紧密结合的接头非常重要。（3）一定的键合温度可以增强结合界面处原子的扩散能力，也有利于可靠键合接头的形成。

当键合温度较低时，铜和铝焊盘没有得到充分的软化，塑性变形过程难于进行，金属流动填充铜球塑性变形形成剪切沟槽的能力比较弱，导致接头的连接紧密程度低，焊点的承载能力也会降低。另外，当预热温度较低时，甚至还会出现NSOP/NSOL 现象。

键合过程中的键合温度和芯片上弹坑的形成也有一定的关系，温度越高，芯片上越容易出现弹坑。这主要是由于键合温度的提高使铝膜被软化程度加大，在键合过程中受挤压的变形程度加大，铜球与硅芯片之间的缓冲层变薄，因此芯片受到的冲击力比较大，这样出现弹坑缺陷的几率就会增加。

D　键合时间对焊点质量的影响

当键合时间比较长时，沿着界面会形成更多的金属间化合物。金属间化合物颗粒具有与铝有关的贝壳状的界面和与铜有关的几乎直线形的界面，表面这些金属间化合物的生长依赖于铜的互扩散，即铜的扩散通过了金属间化合物然后在金属间化合物/铝的界面产生反应。金属间化合物最初的形成依赖于在某种压力和温度下通过超声波振动使氧化物断裂的程度。键合时间对氧化物层消除的影响可以用一个公式表述[47,48]，这个公式用于有相对运动时的两个接触面：

$$d = t \times \frac{kvp}{H} \tag{8-3}$$

式中，d 为材料磨损的深度；t 为时间；p 为压力；H 为材料的硬度；k 为磨损系数；v 为滑移速度。因此，键合时间的增加会导致铝焊盘上氧化物层更充分地清除，因而会形成更多的金属间化合物，从而使键合强度明显地增加。此外，长时间的相互扩散会在铜-铝键上产生一定的金属间化合物，这可能对键合强度也有益处。

8.3.2.2　键合铜基丝线材的键合可靠性

可靠性测试通常是在极端条件下执行，这些极端条件可以用数学方程来描述其加速失效机制，该研究通过高温可靠性测试 HTS（High Temperature Storage）和高压蒸煮试验 PCT（Pressure Cooking Test）对铜基丝线材键合的连接强度和金属间化合物进行研究，目的是考核铜基丝线材键合的金属间化合物增长及其可靠性影响。

曹军等对键合铜基丝线材的键合可靠性进行了研究，可靠性测试条件为：高温可靠性试验为 250℃存放 100h；高压蒸煮试验为温度 121℃，湿度 100% R. H，压力 29.7psi（1psi＝6.895kPa）条件下存放 96h。发现铜球焊点在经过高温可靠性试验后，键合界面没有出现空洞和裂纹，形成了 CuAl、Cu_9Al_4 金属间化合物，球焊界面的连接强度增加，测试失效模式是铝层剥离，与高温存储试验前相同。

在可靠性测试中，对于 Cu/Al 键合界面来说，Cu 活性相对于 Al 较低，在潮湿的环境中，卤素原子的加入使周围环境呈现弱酸性，具备了电化学腐蚀的条件，而 Cu_9Al_4 金属间化合物其 IMC 中 Cu 含量较高，其电化学势比 Cu 低且不容易形成保护层，容易被腐蚀，其反应式为：$Cu_9Al_4 + 12Br^- \longrightarrow 4AlBr_3 + 9Cu + 12e$，降低了器件的可靠性。

A　高温可靠性测试

图 8-57、图 8-58 分别为铜基丝线材键合点强度测试统计分析结果，该键合点具有优秀的连接强度。

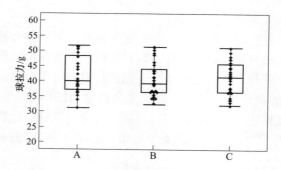

图 8-57　高温可靠性试验前的器件球焊点拉力测试

Fig. 8-57　Ball pull strength test before HTS

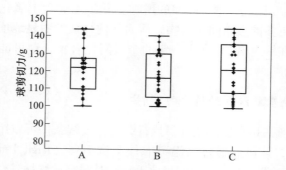

图 8-58　高温可靠性试验前的器件球焊点剪切力测试

Fig. 8-58　Ball shear strength test before HTS

图 8-59 为铜基丝线材键合点的剖面图，该键合的铜球平整，没有过度键合现象，残留铝层厚度为 2μm 以内。

采用 EDS 对键合界面进行分析，没有发现 Cu-Al 金属间化合物，如图 8-60所示。

图 8-61 ~ 图 8-63 为经过 250℃，100h 高温存储后铜基丝线材键合点的形貌及

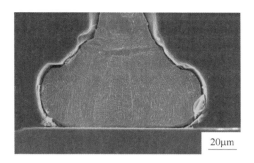

图 8-59　铜基丝线材键合第一焊点（$t=0$ 时刻）

Fig. 8-59　Ball bond morphology of copper wire（$t=0$）

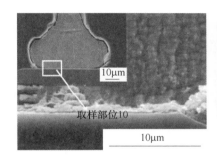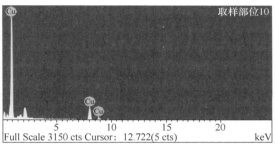

图 8-60　高温存储试验前焊点的 EDS 测试

Fig. 8-60　Ball bond EDS test before HTS

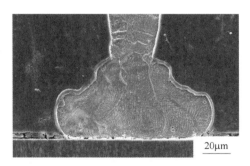

图 8-61　经过高温存储试验后铜球焊点形貌

Fig. 8-61　Copper ball（morphology after HTS）

球拉力、球剪切力测试结果。从图中可以看出，铜球焊点在经过高温可靠性试验后，键合界面没有出现空洞和裂纹，球焊界面的连接强度增加，测试失效模式是铝层剥离，如图 8-64 所示，与高温存储试验前相同。

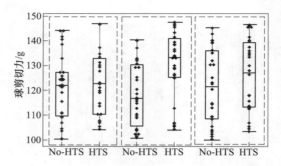

图 8-62　高温存储试验前后铜球焊点剪切力测试

Fig. 8-62　HTS ball shear strength test vs. No-HTS

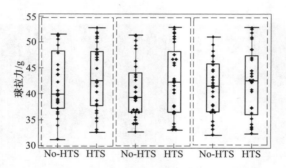

图 8-63　高温存储试验后铜球焊点球拉力测试

Fig. 8-63　HTS ball pull strength test vs. No-HTS

图 8-64　高温存储试验后铜球焊点球剪切力失效模式

Fig. 8-64　Ball shear strength failure model after HTS

　　图 8-65、图 8-66 为对高温存储后铜基丝线材键合界面进行的 EDS 分析。从分析结果可知，经过高温存储的 Cu-Al 界面上产生了 Cu_9Al_4 和 CuAl 金属间化合

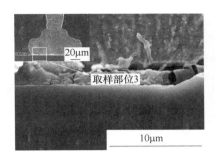 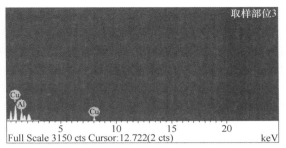

图 8-65　高温存储试验后 Cu-Al 界面产生了 CuAl 金属间化合物

Fig. 8-65　Intermetallic CuAl of Cu-Al interface after HTS

 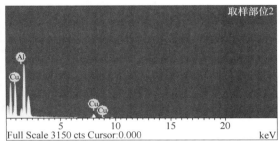

图 8-66　高温存储试验后 Cu-Al 界面产生了 Cu_9Al_4 金属间化合物

Fig. 8-66　Intermetallic Cu_9Al_4 of Cu-Al interface after HTS

物。由文献[49~51]知，有五个因素影响金属间化合物的形成。它们是：原子尺寸、电负性（电化学）、电子化合价、原子序数和黏着能。对于黏着能，通常用熔点来研究黏着能因素的影响。已知铜和铝的熔点分别为：1084℃ 和 660.2℃。形成金属间化合物的焓可用经验等式表示如下：

$$\Delta H = -96.6Z(X_A - X_B)^2 \tag{8-4}$$

式中，ΔH 为形成金属间化合物的焓，kJ/mol；Z 为焊点的化合价数；X_A 和 X_B 分别为元素 A 和 B 的电负性。形成金属间化合物的焓与两元素电负性的差的平方成正比。

对于铝-铜合金系，Zhou 等人[52,53]检测了 $Cu Al_2$、Cu_2Al_3、CuAl 和 Cu_3Al 的弹性性能。一种化合物的平衡形成能有 Cu_qAl_p 化合物的总能量决定，这是由在平衡晶体结构中组分铝和铜的含量相等得到的：

$$p\,Al^{(f.c.c)} + q\,Cu^{(f.c.c)} \longrightarrow AlCu_q \tag{8-5}$$

铝-铜金属间化合物每个原子的能量和它们的组分与平衡结构无关。总能量的计算基于广义梯度近似的密度泛函理论，Predew 等人[54~56]提出的投影放大波势和转换能的理论表明 CuAl 和 Cu_9Al_4 从能量的角度说比 $CuAl_2$ 优先形成，而 AlCu 是三种金属间化合物种类中最稳定的相。

B　高温蒸煮试验测试

图 8-67 为器件经过高温蒸煮试验（PCT）之后的键合界面形貌。从图中可以看出，器件经过 PCT 后，界面出现裂纹和空洞缺陷。

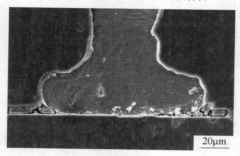

图 8-67　经过高温蒸煮试验后铜球焊点形貌

Fig. 8-67　Copper ball morphology after PCT

图 8-68、图 8-69 为经过高温蒸煮试验之后键合点键合强度测试。由图可以看出，器件键合点的键合强度降低。

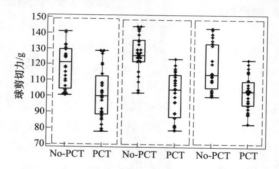

图 8-68　高温蒸煮试验前后铜球焊点剪切力测试

Fig. 8-68　PCT ball shear strength test vs. No-PCT

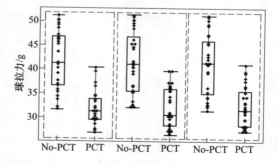

图 8-69　高温蒸煮试验前后铜球焊点球拉力测试

Fig. 8-69　PCT ball pull strength test vs. No-PCT

　　图 8-70、图 8-71 为对高温蒸煮后铜基丝线材键合界面进行的 EDS 分析。从分析结果可知，经过高温存储的 Cu-Al 界面上存在 CuAl 金属间化合物，但Cu_9Al_4消失了。

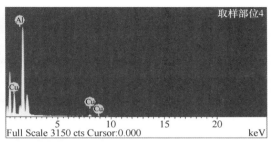

图 8-70　高温蒸煮试验后 Cu-Al 界面产生了 CuAl 金属间化合物

Fig. 8-70　Intermetallic CuAl of Cu-Al interface after PCT

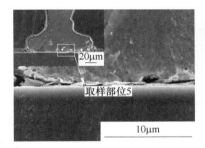
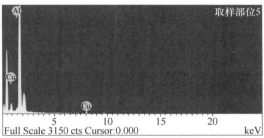

图 8-71　高温蒸煮试验后球键合界面没有检测到 Cu_9Al_4（存在 CuAl）

Fig. 8-71　No intermetallic Cu_9Al_4 of Cu-Al interface after PCT

　　图 8-72 为对高温蒸煮后铜基丝线材键合界面进行的 EDS 分析。在界面附近检测到卤素 Br，而 Br 的存在使得湿度环境下的 pH 值降低，即界面周围环境呈酸性，加速了界面腐蚀。

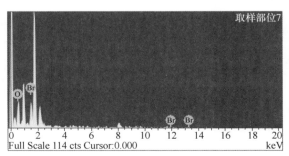

图 8-72　高温蒸煮试验后球键合界面的 O 和 Br 元素

Fig. 8-72　O and Br elements of Cu-Al interface after PCT

两种不同金属在电解质存在的条件下相互接触就会发生电化学腐蚀，如图 8-73 所示。电化学腐蚀的必备条件：

（1）电解质桥接两种金属；

（2）两种金属之间存在电接触；

（3）金属件存在明显的电化学势差；

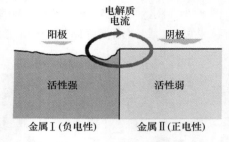

图 8-73　电解腐蚀原理

Fig. 8-73　Electrochemical corrosion mechanism

（4）惰性金属侧存在连续的阴极反应，通常是 H_2O 得到电子形成 OH^-。

从表 8-6 可以看出，Cu 活性相对于 Al 较低。在潮湿的环境中，卤素原子的加入使周围环境呈现弱酸性，此时，铜就在该系统中担当了阳极的角色。而对于

表 8-6　金属活性及电极电势

Table 8-6　Metal activity and electrode potentials

金属–金属离子 平衡（单位活度）		25℃时电极电位与 正常氢电极的比较	
惰性或阴极	$Au - Au^{3+}$	+1.488	活性弱
	$Pt - Pt^{2+}$	+1.2	
	$Pd - Pd^{2+}$	+0.987	
	$Ag - Ag^+$	+0.799	
	$Hg - Hg_2^{2+}$	+0.788	
	$Cu - Cu^{2+}$	+0.337	
	$H_2 - H^+$	0.000	
	$Pb - Pb^{2+}$	−0.126	
	$Sn - Sn^{2+}$	−0.136	
	$Ni - Ni^{2+}$	−0.250	
	$Co - Co^{2+}$	−2.777	
	$Cd - Cd^{2+}$	−0.403	
	$Fe - Fe^{2+}$	−0.440	
	$Cr - Cr^{3+}$	−0.744	
	$Zn - Zn^{2+}$	−0.763	
活性或阳极	$Al - Al^{3+}$	−1.662	
	$Mg - Mg^{2+}$	−2.363	
	$Na - Na^+$	−2.714	活性强
	$K - K^+$	−2.925	

Al 来说，Al 容易在表面形成致密的氧化物薄膜，该氧化物可以稳定存在于 pH = 3~8 及有卤素的环境下。由于 $CuAl_2$ 中 Al 含量高，也容易形成自保护氧化物层。而对于 Cu_9Al_4，其 IMC 中 Cu 含量较高，又不能形成致密的保护层，因此容易被腐蚀，其电化学势比 Cu 低且不容易形成保护层，如图 8-74 所示，其反应式为：

$$Cu_9Al_4 + 12Br^- \Longrightarrow 4AlBr_3 + 9Cu + 12e \tag{8-6}$$

因此，在高温高湿环境下导致了键合界面腐蚀，并出现孔洞等，加速了器件的失效。

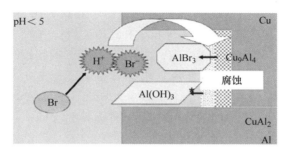

图 8-74　Cu-Al 金属间化合物腐蚀机理

Fig. 8-74　Corrosion mechanism of Cu-Al intermetallic

此外，关于铜键合界面的可靠性及其腐蚀机理，在学术界还存在不少争论，还需要进一步去试验研究。

8.3.3　银基丝线材键合工艺及可靠性

键合银基丝线材由于其优秀的电学性能（可降低器件高频噪声、降低大功率 LED 发热量等）及适当的成本因素，且在 LED 封装中可以有效降低光衰，提高转化率，键合银基丝线材的诸多优势使其开始应用于微电子封装中，尤其在 LED 封装中。但对于纯 Ag 线来说，应用过程中主要存在键合过程中参数窗口范围较小、强度较低、高温高湿条件下 Ag/Al 键合界面易于产生 Ag^+ 电迁移等弊端，限制了键合银线在微电子封装中的应用。

通过合金化获得高性能键合银基合金线是改善键合银基丝线材性能的有效途径。金、钯等元素与银具有类似的特性且无限互溶，能够提高银基丝线材的强度及高温稳定性，并增加其键合过程中的参数窗口范围及界面连接强度。

范俊玲、曹军等人进行了 Ag-4Pd、Ag-Au-Pd-Ru、Ag-Au 键合银基丝线材键合工艺及可靠性的研究[59~61]。Ag-4Pd 键合银合金丝线材在烧球时间一定的条件下，随着烧球电流的增加，合金线无空气焊球由尖底状逐步变为椭圆球、圆球、高尔夫球；烧球电流一定的条件下，随着烧球时间的增加，合金线无空气焊球由小圆球逐步变为圆球、高尔夫球；烧球时间 0.80s 时，烧球电流为 0.020A 时，

Ag-4Pd 键合合金线具有较好球形。Ag-0.8Au-0.3Pd-0.03Ru 键合银合金丝线材在烧球电流或者烧球时间其中之一不变时，FAB 直径随着烧球时间（烧球电流一定）和烧球电流（烧球时间一定）的增加而增大，烧球电流为 30mA、烧球时间为 700μs 时，键合线 FAB 呈标准圆球形；键合压力一定时，键合线球焊点焊盘直径随着超声功率的增大而显著增加，键合功率为 80mW、键合压力 0.30N 时，球焊点具有较好的微观形貌；键合压力为 0.25N，超声功率为 80mW 时，楔焊点具有规则的鱼尾形貌，并具有较好的连接强度。对于 Ag-Au 键合合金线，随着 Au 含量增加，其无空气焊球成球性较好，球拉力和球剪切力均增加，热影响区长度降低，Ag-5Au 键合银基丝线材球拉力和球剪切力比 Ag-1Au 球拉力和球剪切力高出 28.4% 和 28.6%；Ag-5Au 键合银基丝线材热影响区长度比 Ag-1Au 键合银基丝线材短 42.8%；Ag-5Au 键合合金线拉力测试过程中间位置断裂比例为 96%，Ag-1Au 键合银基丝线材中间位置断裂比例为 21%；含 Au 银基键合合金线冷热冲击后失效模式为颈部断裂，Ag-5Au 键合银基丝线材可靠性高于 Ag-1Au 键合银基丝线材。

8.3.3.1　烧球参数对 Ag-4Pd 键合银基丝线材无空气焊球性能的影响

在引线键合过程中，无空气焊球形状对引线与基板连接强度有重要影响，键合线在高压电火花 Electronic Flame Off（EFO）作用下熔化，依靠表面张力及重力形成无空气焊球（Free Air Ball），由于无空气焊球尺寸较小，焊球直径约为 35~55μm，且在极短时间内凝固，无空气焊球熔融时的表面张力及凝固特征决定了焊球的形状[62~64]。无空气焊球形成后在一定的键合压力、超声功率及键合时间等键合参数下键合到芯片铝基板上，通过表面扩散、位错扩散等生成扩散层（金属间化合物），并形成一定的连接强度[65]，无空气焊球形状对球焊点的初期键合强度生成起决定性作用，球形质量直接影响芯片与基板的连接强度及整个系统的能量传递，是球键合点键合初期强度生成的关键；对于 Au-4Pd 键合银基丝线材，与纯金属相比组分更为复杂，其无空气焊球的形状受烧球参数的影响更为明显。

近年来国内外学者对键合丝线材烧球参数对成球性进行了不少试验研究。Chen J L 等人[66]认为 Electronic Flame Off（EFO）电流和时间是成球过程中两个最重要的参数。Tan 等[67]对不同直径的铜丝烧球过程进行了实验研究并总结出描述铜球直径与设定烧球电流、烧球时间的经验公式。H. Xu 等[68]研究了金线键合过程中超声功率和键合压力对键合连接强度的影响，得出了超声功率和键合压力不匹配会明显降低连接强度的结论。

范俊玲、曹军等[59]研究了不同烧球参数对 Ag-4Pd 键合银基丝线材无空气焊球形状的影响，发现在烧球时间一定的条件下，随着烧球电流的增加，合金线无空气焊球由尖底状逐步变为椭圆球、圆球、高尔夫球；在烧球电流一定的条件下，随着烧球时间的增加，Ag-4Pd 键合银基丝线材无空气焊球由小圆球逐步变为圆球、高尔夫球，烧球时间 0.80s 时，烧球电流为 0.020A 时，Ag-4Pd 键合银基丝线材具有较好球形；直径为 0.020mm 的 Ag-4Pd 键合银基丝线材在放电电流为 0.020A 时，无空气焊球尺寸与放电时间之间满足 $D = -8.28152 \times 10^{-6} + 0.11188t - 0.09288t^2 + 0.03804t^3$ 函数关系。

A　不同烧球电流对 Ag-4Pd 键合银基丝线材无空气焊球形状的影响

图 8-75 为烧球时间 0.80s，不同放电电流时 Ag-4Pd 键合合金线无空气焊球的 SEM 图片，从图中可以看出在烧球时间一定的条件下，放电电流为 0.010A 时，Ag-4Pd 键合银基丝线材无空气焊球形状为尖球形状，如图 8-75（a）所示；放电电流为 0.015A 时，Ag-4Pd 键合银基丝线材无空气焊球形状由尖球形状逐步转变为椭圆球，如图 8-75（b）所示；放电电流为 0.020A 时，Ag-4Pd 键合合金线无空气焊球形状转变为圆球，如图 8-75（c）所示；进一步增加放电电流至 0.025A，Ag-4Pd 键合银基丝线材无空气焊球仍为圆球，同时球的尺寸增加，如图 8-75（d）所示；放电电流为 0.030A 时，Ag-4Pd 键合银基丝线材无空气焊球呈高尔夫形状，球形变的不规则，如图 8-75（e）所示。

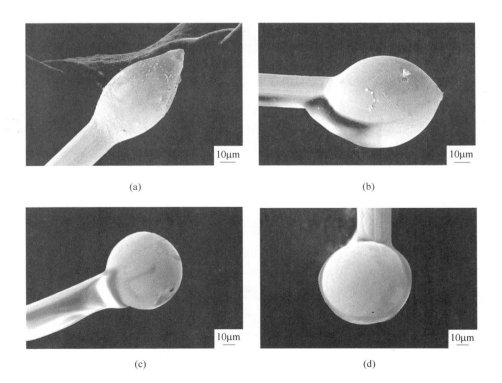

(a)　　　　　　　　　　　　　　　　(b)

(c)　　　　　　　　　　　　　　　　(d)

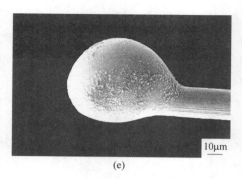

(e)

图 8-75　不同电流的 Ag-4Pd 键合银基丝线材无空气焊球形貌（$t=0.8s$）

(a) 0.010A；(b) 0.015A；(c) 0.020A；(d) 0.025A；(e) 0.030A

Fig. 8-75　The free air ball morphologies in different EFO current for

Ag-4Pd alloy bonding wire（$t=0.8s$）

(a) 0.010A；(b) 0.015A；(c) 0.020A；(d) 0.025A；(e) 0.030A

　　Ag-4Pd 键合银基丝线材经过烧球（Electronic Flame Off，EFO）后，Ag-4Pd 键合银基丝线材熔化并在表面张力作用下形成 FAB，FAB 焊球凝固过程中，热量由 FAB 通过颈部传导至合金线，其凝固方式为颈部向球底部迅速凝固，FAB 直径约为线径尺寸的 2~3 倍。EFO 打火杆放电，在打火杆与尾丝之间产生高压击穿空气，产生热量溶化尾丝，使其溶化成球。当 EFO 打火杆放电结束后，溶球仍在成长，球的温度较高，使得尾丝继续往上溶化，由于放电电流较小（0.010A 和 0.015A），在溶球继续向上生长的同时，其底部由于热量不足而开始凝固，从而产生尖球和椭圆球，如图 8-75（a）、（b）所示；放电电流增加至 0.020A 时，其产生的热量使合金线充分溶解成球，并从颈部开始凝固，形成规则的圆球，如图 8-75（c）所示；放电电流增加至 0.030A 时，较大的放电电流使得尾线自下而上迅速熔化成球，且球的体积较大，此时，放电电极（打火杆）侧合金线尾线熔化速率大于另一侧，使得放电电极侧的合金线熔化较多，致使合金线无空气焊球球心偏离了合金线中心，且靠近放电电极侧，从而形成高尔夫球，如图 8-75（e）所示。

　　B　不同烧球时间对 Ag-4Pd 键合银基丝线材无空气焊球形状的影响

　　图 8-76 为烧球电流为 0.020A，不同放电时间时 Ag-4Pd 键合银基丝线材无空气焊球的 SEM 图片，从图中可以看出在烧球电流一定的条件下，放电时间为 0.40s 时，Ag-4Pd 键合银基丝线材无空气焊球形状为近似圆球，但球直径较小，如图 8-76（a）所示；放电时间为 0.60s 时，Ag-4Pd 键合银基丝线材无空气焊球形状为圆球，其直径增加，如图 8-76（b）所示；放电时间为 0.80s 时，Ag-4Pd 键合银基丝线材无空气焊球形状转为标准圆球，如图 8-76（c）所示；进一步增加放电时间至 1.00s，Ag-4Pd 键合银基丝线材无空气焊球仍为圆球，同时球的尺

寸增加，如图 8-76（d）所示；放电时间为 1.20s 时，Ag-4Pd 键合银基丝线材无空气焊球呈高尔夫形状，球形变的不规则，如图 8-76（e）所示。

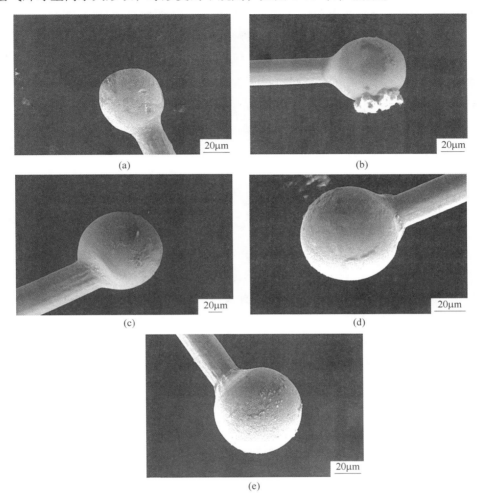

图 8-76　不同时间的 Ag-4Pd 键合银基丝线材无空气焊球形貌（$I=2.0A$）

（a）0.4s；（b）0.6s；（c）0.8s；（d）1.0s；（e）1.2s

Fig. 8-76　The free air ball morphologies in different EFO time

for Ag-4Pd alloy bonding wire（$I=2.0A$）

（a）0.4s；（b）0.6s；（c）0.8s；（d）1.0s；（e）1.2s

放电电流为 0.020A 时，放电电极产生的热量足以熔化合金线尾部，由于放电时间较短（0.40s 和 0.60s），熔球沿合金线尾线熔化的长度较短，其无空气焊球直径较小，但球形状呈较为规则圆球，如图 8-76（a）、（b）所示；放电时间增加至 0.80s 时，形成规则的圆球，如图 8-76（c）所示；放电时间增加至 1.00s

时，较长的放电时间使得较多尾线熔化成球，使得球的体积较大，此时，焊球球心仍在合金线中心，如图 8-76（d）所示，这主要因为放电电流恒定时（0.020A），在每个时间微分内产生的热量相同，从而使得焊球沿着尾线均匀生长，此外，焊球体积过大将导致第一焊点过大，从而增加焊点之间短路的几率，再者，较长的放电电流降低了键合效率；放电时间进一步增加至 1.20s时，焊球体积进一步变大，焊球从颈部开始向球底部凝固，焊球上的热量沿着合金线向上传递，由于焊球体积较大，焊球内部温度不一致，这导致球上部分已经凝固，然后在表面张力的作用下，熔融状态的球被拉上去，直至球完全凝固，并在球表面形成波纹，使焊球变得不规则；此外，过长的放电时间使得更多的热量传递到合金线颈部，导致焊线颈部热影响区长度过大，进而降低第一焊点颈部强度。放电时间过长，使得放电电极（打火杆）侧合金线尾线熔化速率大于另一侧，使得放电电极侧的合金线熔化较多，致使合金线无空气焊球球心偏离了合金线中心，且靠近放电电极侧，从而形成高尔夫球，如图 8-76（e）所示。

C 烧球时间与 Ag-4Pd 键合银基丝线材无空气焊球尺寸之间关系研究

引线键合过程中，无空气焊球尺寸（直径）大小对焊点强度具有重要影响，对于焊盘较大的芯片，可以适当增加焊球尺寸，进而增加键合面积；但对于小焊盘芯片，过大的焊球尺寸将导致第一键合点溢出，从而引起短路。

图 8-77 为直径 0.020mm Ag-4Pd 键合银基丝线材在放电电流为 0.020A 时，无空气焊球尺寸与放电时间之间的关系曲线，从图中数据分布点情况可以看出，其无空气焊球尺寸与放电时间呈多项式分布。采用最小二乘法，对试验数据进行拟合后，得到直径 0.020mm Ag-4Pd 键合银基丝线材无空气焊球尺寸与放电时间

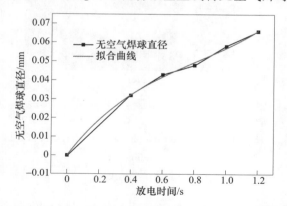

图 8-77 直径 0.020mm Ag-4Pd 键合银基丝线材无空气焊球直径与放电时间关系及拟合曲线
Fig. 8-77 Fitting curve between FAB diameters and current time for
ϕ0.020mm Ag-4Pd alloy bonding wire

的函数关系方程如式（8-7）所示：

$$D = -8.28152 \times 10^{-6} + 0.11188t - 0.09288t^2 + 0.03804t^3 \qquad (8-7)$$

式中，D 为无空气焊球直径，mm；t 为放电时间，s。

计算得到 Ag-4Pd 键合银基丝线材无空气焊球直径与放电时间拟合曲线的相关系数为 $r=0.9958$，置信区间为 $0<t<1.20$，即所得到的 ϕ0.020mm Ag-4Pd 键合银基丝线材无空气焊球直径与放电时间之间的函数关系式具有很高的可信度。因此，对于封装过程中对焊球直径有要求的焊点，可以参照上述函数关系，得到放电电流的范围，从而避免了重复性的试验，提高了生产效率。

8.3.3.2　键合参数对 Ag-0.8Au-0.3Pd-0.03Ru 键合银基丝线材键合性能的影响

范俊玲、曹军等[60]研究了键合参数对 Ag-0.8Au-0.3Pd-0.03Ru 键合银基丝线材键合性能的影响。Ag-0.8Au-0.3Pd-0.03Ru 键合银基丝线材，在烧球电流或者烧球时间其中之一不变时，无空气焊球（free air ball，FAB）直径随着烧球时间和烧球电流的增加而增大，烧球电流为 30mA、烧球时间为 700μs 时，键合线 FAB 呈标准圆球形；键合压力一定时，键合线球焊点焊盘直径随着超声功率的增大而显著增加，键合功率为 80mW、键合压力 0.30N 时，球焊点具有较好的微观形貌；当键合压力为 0.25N，超声功率为 80mW 时，楔焊点具有规则的鱼尾形貌，并具有较好的连接强度。

A　不同键合参数对键合银基丝线材 FAB 形貌影响

图 8-78 为烧球电流 30mA 时，FAB 随烧球时间变化的扫描电镜图像。由图 8-78 可知，当烧球电流一定时，FAB 直径及形貌随着烧球时间的增大而改变。烧球时间小于 600μs 时 FAB 的形貌呈扁圆状，如图 8-78（a）、（b）所示；烧球时间为 700μs 时 FAB 的形貌呈标准圆球，如图 8-78（c）所示；烧球时间为 800μs 时 FAB 的形貌呈尖头球，如图 8-78（d）所示。

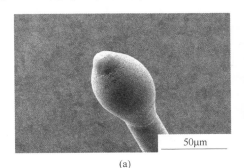

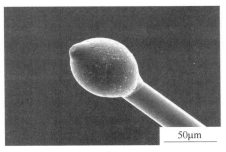

(a)　　　　　　　　　　　　　　　(b)

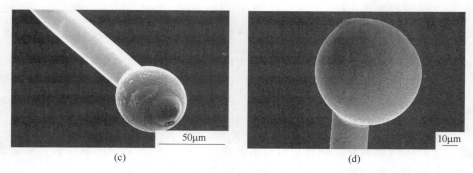

图 8-78　不同烧球时间下 FAB 扫描电镜图像（烧球电流：30mA）

（a）500μs；（b）600μs；（c）700μs；（d）800μs

Fig. 8-78　SEM images of FAB for different EFO time（EFO current：30mA）

（a）500μs；（b）600μs；（c）700μs；（d）800μs

　　图 8-79 为烧球电流为 700μs 时 FAB 随烧球电流变化的图像。根据图 8-79，当烧球时间一定时，FAB 直径及形貌随着烧球电流的增大而改变。烧球电流小于

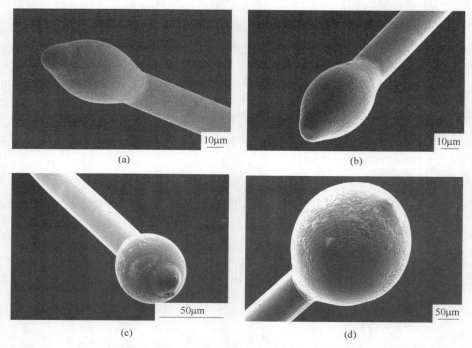

图 8-79　不同烧球电流下 FAB 的扫描电镜图像（烧球时间：700μs）

（a）26mA；（b）28mA；（c）30mA；（d）32mA

Fig. 8-79　SEM images of FAB at different EFO current（EFO time：700μs）

（a）26mA；（b）28mA；（c）30mA；（d）32mA

28mA 时 FAB 的形貌呈扁圆状，如图 8-79（a）、（b）所示；烧球时间为 30mA 时 FAB 的形貌呈标准圆球（见图 8-79（c））；烧球时间为 32mA 时 FAB 的形貌呈尖头球（见图 8-79（d）），但尖头球现象不如大烧球电流明显。

Ag-0.8Au-0.3Pd-0.03Ru 键合银基丝线材经过打火杆放电烧球后，键合银基丝线材熔化并在表面张力作用下形成 FAB，打火杆放电结束后，熔球仍在成长，球的温度较高，使得尾丝继续往上熔化；当烧球电流较小（26mA 和 28mA）或烧球时间较短时（500μs 和 600μs），由于产生的热量较少，键合线熔化较少，且底部由于热量不足而开始凝固，从而产生扁圆球，如图 8-78（a）、（b）和图 8-79（a）、（b）所示；当烧球电流为 30mA，烧球时间为 700μs 时，其产生的热量使键合线充分溶解成球，并从颈部开始凝固，形成规则的圆球，如图 8-78（c）所示；当烧球电流较大（30mA）或烧球时间较长时（800μs），较多的热量使得键合线尾线自下而上迅速熔化成球，由于球的体积较大，FAB 从焊球颈部开始向下凝固的过程中其底部也开始凝固，并形成尖顶形状，如图 8-78（d）、图 8-79（d）所示。

图 8-80 为不同烧球电流和烧球时间条件下 Ag-0.8Au-0.3Pd-0.03Ru 键合银基丝线材 FAB 直径分布图。根据上述结果，当烧球电流一定时，FAB 直径随着烧球时间的增加而增大；当烧球时间一定时，FAB 直径随着烧球电流的增大而变大，且烧球时间对焊球直径的影响比烧球电流更为显著。当烧球时间为 800μs，烧球电流为 34mA 和 25mA 时，键合银基丝线材焊球直径具有极大值和极小值，极大值为 68.18μm，极小值为 30.83μm，FAB 平均直径为键合银基丝线材直径的 1.3~2.8 倍。

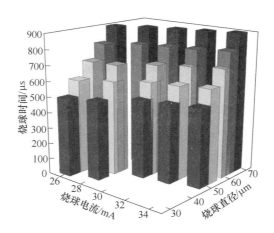

图 8-80　烧球参数对 Ag-0.8Au-0.3Pd-0.03Ru 键合银基丝线材焊球直径的影响

Fig. 8-80　Effect of EFO parameters on FAB diameters of Ag-0.8Au-0.3Pd-0.03Ru alloy wire

B　不同键合参数对键合银基丝线材球焊点形貌影响

图 8-81 为键合压力为 0.25N 时，键合银基丝线材球焊点焊盘直径随超声功率变化的扫描电镜图像。根据图 8-81，超声功率为 60mW 时，球焊点焊盘直径为 64.9μm（见图 8-81（a））；超声功率为 70mW 时，球焊点焊盘直径增加至 68.5μm（见图 8-81（b））；超声功率为 80mW 时，球焊点焊盘直径增加至 74.7μm（见图 8-81（c））；超声功率为 90mW 时，球焊点焊盘直径为 72.6μm（见图 8-81（d））。

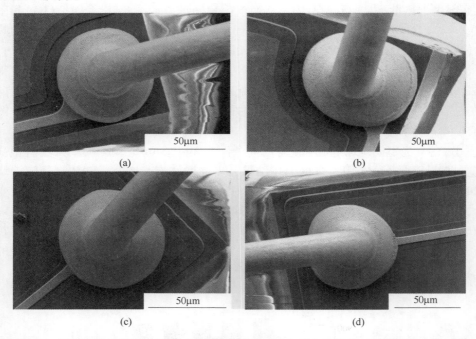

图 8-81　键合银基丝线材球焊点不同超声波功率下的扫描电镜图像（键合压力：0.25N）

(a) 60mW；(b) 70mW；(c) 80mW；(d) 90mW

Fig. 8-81　SEM images of ball bonded at different bonding power（bonded force：0.25N）

(a) 60mW；(b) 70mW；(c) 80mW；(d) 90mW

图 8-82 所示为超声功率为 80mW，键合银基丝线材球焊点焊盘直径随超声压力变化的扫描电镜图像。由图 8-82 可知，键合压力为 0.20N 时，球焊点焊盘直径为 70.1μm，如图 8-82（a）所示；键合压力为 0.25N 时，球焊点焊盘直径为 74.6μm，如图 8-82（b）所示；键合压力为 0.30N 时，球焊点焊盘直径为 75.2μm，如图 8-82（c）所示；键合压力为 0.35N 时，球焊点焊盘直径为 76.3μm，如图 8-82（d）所示。

根据上述结果，在键合过程中，超声功率和键合压力通过劈刀施加在键合线

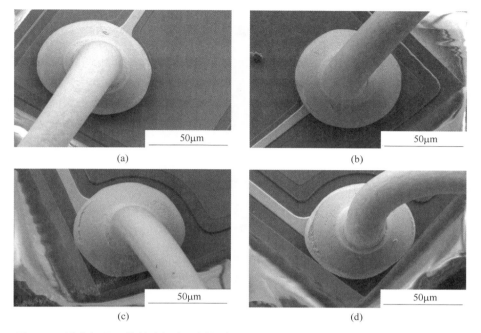

图 8-82　键合银基丝线材球焊点不同键合压力下的扫描电镜图像（超声功率：80mW）

(a) 0.20N；(b) 0.25N；(c) 0.30N；(d) 0.35N

Fig. 8-82　SEM images of the ball bonded at different bonding forces（bonding power：80mW）

(a) 0.20N；(b) 0.25N；(c) 0.30N；(d) 0.35N

上，使得键合银基丝线材与焊盘紧密接触，在超声的作用下键合线与焊盘表面产生高频振动，以实现键合银基丝线材与基板之间产生快速扩散而生成一定的连接强度。键合压力一定时（键合压力为 0.25N），随着超声功率的增加，在大功率高频振动的作用下键合线形变激活能升高，其形变更为容易，球焊点焊盘直径增加；进一步增加超声功率，由于压力一定，键合线 FAB 与焊盘发生相对移动，降低了超声高频振动对键合线的影响，球焊点焊盘直径减小，如图 8-82（d）所示。超声功率一定时（超声功率为 80mW），键合银基丝线材由超声高频振动产生的形变激活能不变，而键合压力对键合线形变影响较小，随着键合压力增加，球焊点焊盘直径增加，但增加幅度较小。

　　图 8-83 为烧球电流 30mA、烧球时间 700μs 时，不同键合压力和超声功率条件下 Ag-0.8Au-0.3Pd-0.03Ru 键合银基丝线材球焊点焊盘直径分布图。由图 8-83 可知，键合压力较大时（键合压力 0.30N 和 0.35N），键合银基丝线材球焊点焊盘直径随着超声功率的增大而增大，但键合压力过大使得芯片产生弹坑的几率增加；键合压力较小时（键合压力 0.20N 和 0.25N），键合银基丝线材球焊点焊盘直径随着超声功率的增大而先增大后减小。超声功率一定时，键合银基丝线材球

焊点焊盘直径随着键合压力的增大而增加，但变化量不大；键合压力为 0.35N 超声功率为 90mW 时，键合线球焊点焊盘直径达到极大值，极大值为 73.42μm。

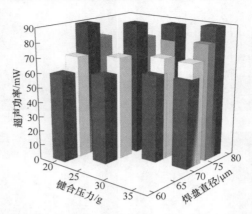

图 8-83　键合压力和超声功率对 Ag-0.8Au-0.3Pd-0.03Ru
键合银基丝线材球焊点焊盘直径的影响

Fig. 8-83　Effect of the bonding force and power on the ball bonded pad of
Ag-0.8Au-0.3Pd-0.03Ru alloy wire

C　不同键合参数对键合银基丝线材楔焊点形貌影响

图 8-84 为不同键合压力和不同超声功率条件下 Ag-0.8Au-0.3Pd-0.03Ru 键合银基丝线材楔焊点焊盘直径分布图。由图 8-84 可知，键合压力一定时，键合银基丝线材楔焊点焊盘直径随着超声功率的增大而增大，但过大的键合压力将增

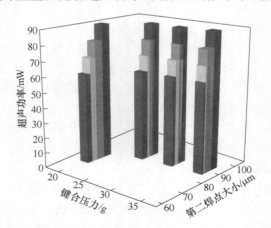

图 8-84　键合压力和超声功率对 Ag-0.8Au-0.3Pd-0.03Ru
键合银基丝线材楔焊点大小的影响

Fig. 8-84　Effect of the bonding force and power on the wedge bonded by
Ag-0.8Au-0.3Pd-0.03Ru alloy wire

加楔焊点颈部应力，增加楔焊点颈部断裂几率。超声功率一定时，键合银基丝线材楔焊点焊盘直径随着键合压力的增大而增加；当键合压力为0.35N、超声功率90mW时，键合银基丝线材楔焊点焊盘直径达到极大值，极大值为93.55μm。

图8-85所示为键合压力为0.25N，键合银基丝线材楔焊点焊盘直径随超声功率变化的扫描电镜图像。由图8-85可知，超声功率为60mW时，楔焊点鱼尾宽度为86.4μm，如图8-85（a）所示；超声功率为70mW时，楔焊点鱼尾宽度增加至89.2μm，如图8-85（b）所示；超声功率为80mW时，楔焊点鱼尾宽度增加至90.3μm，如图8-85（c）所示；超声功率为90mW时，楔焊点鱼尾宽度为91.7μm，如图8-85（d）所示。此外，随着超声功率的增加，楔焊点鱼尾变薄，楔焊点颈部将产生较大的形变应力，进而导致楔焊点在颈部断裂。由此，对于Ag-0.8Au-0.3Pd-0.03Ru键合银基丝线材楔焊点，当键合压力为0.25N、超声功率为80mW时，楔焊点具有规则的鱼尾形貌，连接强度较好。

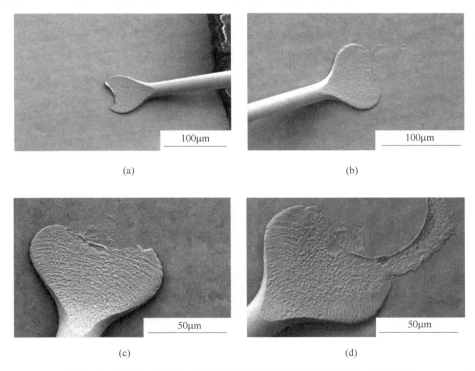

(a)   (b)

(c)   (d)

图8-85 不同超声波功率下键合银基丝线材楔焊点的扫描电镜图像（键合压力：0.25N）

(a) 60mW；(b) 70mW；(c) 80mW；(d) 90mW

Fig. 8-85 SEM images of wedge bonded at different bonding forces for the
alloy bonding wire (bonded force：0.25N)

(a) 60mW；(b) 70mW；(c) 80mW；(d) 90mW

8.3.3.3　Au 含量对银基键合丝线材键合强度及可靠性影响研究

通过合金化获得高性能键合银基丝线材是改善键合银基丝线材性能的有效途径，Au 元素与 Ag 具有类似的特性且无限互溶，Au 元素的加入能够提高 Ag 线的强度及高温稳定性，并增加其键合过程中的参数窗口范围及界面连接强度。对于 Ag 基键合丝线材，Au 的含量决定了键合合金线的成球性能、键合强度、可靠性及其成本，诸多学者针对 Ag-Au 合金特性及键合 Ag-Au 合金线制备开展了诸多研究。Chuang T H 等人[69]研究了 Ag-8Au-3Pd 键合合金线组织结构热稳定性，得出了 Ag-8Au-3Pd 键合合金线热处理后组织为退火孪晶结构，该组织结构能够提高 Ag-8Au-3Pd 键合合金线高温稳定性的结论。范俊玲、曹军等人[61]研究了 Au 含量对银基键合丝线材键合强度及可靠性的影响，得出了含 Au 银基键合丝线材，随着 Au 含量增加，其熔点升高，同等参数下 Ag-5Au 无空气焊球成球性较好；含 Au 银基键合丝线材，冷热冲击后失效模式为颈部断裂，Ag-5Au 键合丝线材可靠性高于 Ag-1Au 键合丝线材。

A　不同 Au 含量对 Ag 基键合丝线材无空气焊球形状影响研究

图 8-86 为在相同烧球参数下 Ag-1Au、Ag-3Au 和 Ag-5Au 丝线材的无空气焊

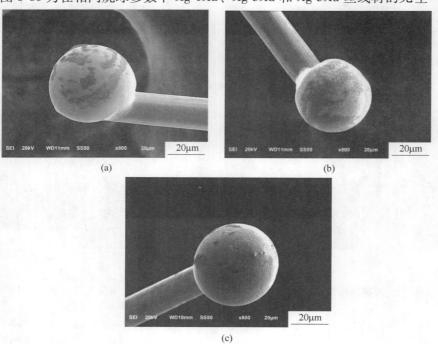

(a)　　　　　　　　　　　　　(b)

(c)

图 8-86　Ag-1Au、Ag-3Au 和 Ag-5Au 无空气焊球形貌

Fig. 8-86　Free Air Ball shapes of Ag-1Au, Ag-3Au and Ag-5Au alloy bonding wire

球形貌图，由图可知，Ag-5Au 丝线材无空气焊球体积适中且呈圆球形，如图 8-86（c）所示；Ag-1Au 和 Ag-3Au 丝线材无空气焊球呈不规则形状（高尔夫球杆状），且无空气焊球较大，如图 8-86（a）、（b）所示。

对于 Ag-1Au、Ag-3Au 和 Ag-5Au 丝线材，Au 和 Ag 无限共熔，且随着 Au 含量的增加，合金的熔点增加；在相同烧球参数下，打火杆放电，在打火杆与尾丝之间产生高压击穿空气，产生热量熔化尾丝，在表面张力作用下使其成球；对于 Ag-1Au、Ag-3Au 丝线材，由于合金中 Au 含量较低，其熔点也较低，同等条件下无空气焊球体积较大且靠近打火杆位置侧熔体较多，使得其无空气焊球凝固速率低且打火杆位置侧凝固速率高于远离打火杆位置侧，形成不规则无空气焊球形状。Ag-5Au 丝线材中 Au 含量较高，具有高的熔点，在同等条件下无空气焊球体积适中，且其凝固速率较大，从而形成规则无空气焊球形貌，如图 8-86（c）所示。

B　不同含 Au 量对银基键合丝线材可靠性影响研究

图 8-87 为 Ag-1Au、Ag-3Au、Ag-5Au 键合丝线材键合塑封后冷热循环测试失效比例。由图可知，Ag-1Au 丝线材冷热冲击 100 次后有 10% 失效，冷热冲击 200 次后有 59% 失效，冷热冲击 300 次后有 98% 失效；Ag-3Au 丝线材冷热冲击 100 次后有 1% 失效，冷热冲击 200 次后有 9% 失效，冷热冲击 300 次后有 45% 失效；Ag-5Au 丝线材冷热冲击 100 次后没有失效，冷热冲击 200 次后有 5% 失效，冷热冲击 300 次后有 20% 失效。

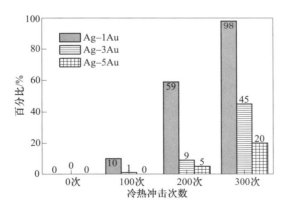

图 8-87　Ag-1Au、Ag-3Au 和 Ag-5Au 丝线材失效分析

Fig. 8-87　Failure analysis of Ag-1Au，Ag-3Au and Ag-5Aualloy bonding wire

图 8-88 为冷热冲击后解封后的键合丝线材失效图。由图可知，经过冷热冲击后，失效器件键合丝线材在颈部断裂，这主要因为，球键合过程中，球焊点颈部需要反复大变形来完成焊线的成弧，对于 Ag-1Au 键合丝线材，由于其热影响

区长度较长，在热影响区长度区域内晶粒粗大，力学性能差，其塑性变形能力不足，在成弧瞬间产生较大变形，从而会导致严重的应力集中并伴有滑移产生，进而引起微裂纹；在后续的冷热冲击过程中该微裂纹不断被强化，从而产生颈部断裂。对于 Ag-5Au 键合丝线材，由于其热影响区长度较短，其颈部塑形变形能力较好，经过多次冷热冲击后仍具有较好的力学性能，在颈部发生断裂几率较低。

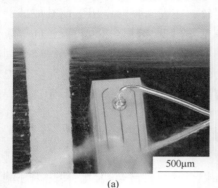 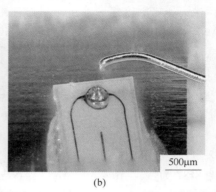

（a）   （b）

图 8-88   Ag 基键合丝线材失效分析

（a）未失效；（b）失效

Fig. 8-88   Failure analysis of Ag alloy bonding wire

（a）No failure；（b）Failure

8.4 本章小结

本章首先介绍了引线键合工艺的基本原理、主要键合工艺和键合方式，以及各种键合工艺和方式的特点。

（1）决定引线键合过程能否有效进行以及键合质量好坏的关键因素包括：键合温度、键合时间、键合压力、超声功率。

（2）根据键合媒介形式的不同，引线键合工艺可以分成三种主要类型：热压键合、超声键合以及热压-超声键合。其中，热压-超声键合是热压键合和超声键合两种形式的组合，由于其可以降低热压温度，提高键合强度，有利于器件可靠性，目前已成为引线键合的主流。

（3）引线键合方式主要分为球形键合和楔形键合两种方式，不同方式需要使用不同的劈刀，劈刀具有负责固定引线、传递压力和超声能量、拉弧等作用。

然后，介绍了微细丝线材性能对键合性能的影响规律，重点介绍了铜基微细丝线材强度、伸长率等力学性能和表面质量对键合后拉力、剪切力、第一焊点和第二焊点形貌的影响，详细介绍了不同银基微细丝线材（Ag-4Pd 和 Ag-4Pd-0.5Ru）对球焊点和楔焊点键合强度的影响规律，同时阐述了表面镀钯铜基丝线材镀层厚度、力学性能对键合性能、热影响区的影响，以及镀 Au 银基丝线材性能对无空气焊球（Free Air Ball）形状和键合性能可靠性的影响。

（1）铜基丝线材性能对键合性能的影响显著，铜基丝线材伸长率过小和拉断力过大会造成焊点颈部产生微裂纹而造成焊点的拉力和球剪切力偏低；表面存在缺陷的铜线其颈部经过反复塑性大变形会造成铜线表面晶粒和污染物脱落而出现短路和球颈部断裂。

（2）合金化是改善银基丝线材键合性能的有效途径。Pd 元素能够提高丝线材高温稳定性及强度，Ru 元素可提高丝线材力学性能、细化晶粒，Ag-4Pd 和 Ag-4Pd-0.5Ru 键合线（ϕ0.025mm）的伸长率分别为 13.6%、15.6%，拉断力分别为 9.2gf、10.4gf，热影响区长度由 50μm 减少至 35μm，Ag-4Pd-0.5Ru 键合线球焊点、楔焊点键合强度连接强度明显高于 Ag-4Pd 键合线。

最后，分别从键合参数、烧球工艺及球晶粒尺寸、键合点可靠性等方面介绍了铜基/银基微细丝线材键合工艺及可靠性的国内外研究现状。

参 考 文 献

[1] 曹军. 键合铜线性能及键合性能研究 [D]. 兰州：兰州理工大学，2012.
CAO J. Research of copper bonding wire performance and bonding performance [D]. Lanzhou：Lanzhou University of Technology，2012.

[2] 赵健. 铜线键合在多印线 IC 封装中的应用研究 [D]. 上海：复旦大学，2009.
ZHAO J. Application of copper wire bonding in multi wire IC package [D]. Shanghai：Fudan University，2009.

[3] 王胜刚. Ag-Au-Pd 合金键合线的电迁移性能研究 [D]. 上海：上海交通大学，2014.
WANG S G. Electro-migration of silver alloy wire with its application on bonding [D]. Shanghai：Shanghai Jiaotong University，2014.

[4] 曹军，范俊玲，高文斌. Ag-4Pd 键合合金线性能和组织对键合强度的影响 [J]. 稀有金属材料与工程，2018，47（6）：1836-1841.
CAO J，FAN J L，GAO W B. Effects of poperties and structure of Ag-4Pd alloy bonding wire on bonding strength [J]. Rare Metal Materials and Engineering，2018，47（6）：1836-1841.

[5] 曹军，范俊玲，高文斌. 冷变形和热处理对 Ag-4Pd 键合合金线性能影响 [J]. 机械工程学报，2016，52（18）：92-97.
CAO J，FAN J L，GAO W B. Effects of drawing and annealing on properties of Ag-4Pd alloy bonding wire [J]. Journal of Mechanical Engineering，2016，52（18）：92-97.

[6] 曹军，吴卫星. 镀 Au 键合 Ag 线性能对键合质量的影响研究 [J]. 材料科学与工艺，2018，26（6）：36-41.
CAO J，WU W X. Effects of Au coated Ag bonding wire properties on bonded quality [J]. Ma-

terials Science and Technology, 2018, 26（6）: 36-41.

[7] 曹军, 丁雨田, 郭廷彪. 铜线性能及键合参数对键合质量的影响 [J]. 材料科学与工艺, 2012, 20（4）: 76-79.
CAO J, DING Y T, GUO T B. Effect of copper properties and bonding parameters on bonding quality [J]. Materials Science and Technology, 2012, 20（4）: 76-79.

[8] 曹军, 范俊玲, 薛铜龙. 镀钯铜线性能对键合质量的影响研究 [J]. 材料科学与工艺, 2014, 22（5）: 48-53.
CAO J, FAN J L, XUE T L. Investigation of copper coating Pd wire properties and bonding quality [J]. Materials Science and Technology, 2014, 22（5）: 48-53.

[9] 张新军. 铜线键合技术及设备的研究与应用 [D]. 成都: 电子科技大学, 2011.
ZHANG X J. Research and application of copper wire bonding technology and equipment [D]. Chengdu: University of Electronic Science and Technology, 2011.

[10] 王忠远. 铜线键合工艺技术在封装中的研究与应用 [D]. 成都: 电子科技大学, 2013.
WANG Z Y. Copper wire bonding process technology research and application in the encapsulation [D]. Chengdu: University of Electronic Science and Technology, 2013.

[11] HARMAN G G. Wire bonding in microelectronics [M]. New York: McGraw-Hill, 1989.

[12] HANG C J, SONG W H, LUM I, et al. Effect of electronic flame off parameters on copper bonding wire: free-air ball deformability, heat affected zone length, heat affected zone breaking force [J]. Microelectronic Engineering, 2009, 86（10）: 2094-2103.

[13] SURESH T, SONG W H, HALMO C, et al. Low cost Pd coated Ag bonding wire for high quality FAB in air [C]. Proc. Electron. Comp. Technol. Conf. (ECTC), 2012.

[14] TSENG Y W, HUNG F Y, LUI T H. Microstructure, tensile and electrical properties of gold-coated silver bonding wire [J]. Microelectronics Reliability, 2015, 55（3）: 608-612.

[15] TANNA S, PISIGAN J L, SONG W H, et al. Low cost Pd coated Ag bonding wire for high quality FAB in air [C]. IEEE Electronic Components & Technology Conference, 2012, 282（1）: 1103-1109.

[16] QI J, HUNG N C, LI M, et al. Effects of process parameters on bondability in ultrasonic ball bonding [J]. Scripta Materialia, 2006（54）: 293-297.

[17] 隆志力, 韩雷, 吴运新, 等. 不同温度对热超声键合工艺连接强度的影响 [J]. 焊接学报, 2005, 26（8）: 23-26.
LONG Z L, HAN L, WU Y X, et al. Effect of different temperature on bonding strength of thermosonic bonding process [J]. Acta welding Sinica, 2005, 26（8）: 23-26.

[18] LI J H, LIU L G, DENG L H, et al. Interfacial microstructures and thermodynamics of thermosonic Cu-wire bonding [J]. IEEE Electron Device Letters, 2011（32）: 1-3.

[19] SCHEY J A. Introduction to manufacturing processes [M]. 3rd ed. NewYork: McGraw Hill, 2000.

[20] ELLIS T W, LEBINE L, WICEN R, et al. Copper wire bonding [C]. Proceedings of SEMICON Conference, Singapore, May, 2000: 44-48.

[21] LI F, DING H, LIN Z. Parameters sensitivity analysis for force control in gold wire bonding

process ［C］. Proceedings of the Sixth International Conference on Fluid Power Transmission and Control, 2005: 748-753.

［22］ HANG C J, et al. Effect of electronic flame off parameters on copper bonding wire: Free-air balldeformability, heat affected zone length, heat affectedzone breaking force ［J］, Microelectronic Engineering, 2009, 86 （10）: 2094-2103.

［23］ CHEN J L, LIN Y C. A new approach in free air ball formation process parameters analysis ［J］. IEEE Transactions on Electronics Packaging Manufacturing, 2000, 23 （2）: 116-122.

［24］ DITTMER K, KUMAR S, WULFF F. Influence of bonding conditions on degradation of small ball bonds due to intermetallic phase （ip） growth ［J］. Proceeding of the SPIE-The International Society for Optical Engineering, 1999, 3830: 403-408.

［25］ Larbi Ainouz, Muller Feindraht AG, Thalwil. The use of copper wire as an alternative interconnection material in advanced semiconductor packaging ［R］. KnS Report, Issue 11, Number 2, 1999.

［26］ TAN J, TOH B H, HO H M. Modelling of free air ball for copper wire bonding ［C］. Proceedings of 6th Electronics Packaging Technology Conference, 2004: 711-717.

［27］ COHEN I M, HUANG L J, AYYASWAMY P S. Melting and solidification of thin wires: A class of phase-change problems with a mobile interface-II ［J］. Experimental confirmation. International Journal of Heat Mass Transfer, 1995, 38 （9）: 1647-1659.

［28］ KER M D, DENG J J. Fully process compatible layout design on bond pad to improve wire bond reliability in CMOS LCS ［J］. IEEE Trasactions on Components and Packaging Technologies. 2002, 25 （2）: 309-315.

［29］ ATSUMI K, ANDO T, KOBAYASHI M, et al. Ball bonding technique for copper wire ［C］. Proc IEEE Elec Comp 36th Conf, Seattle, Washington, 1986: 312-317.

［30］ HO H M, TAN J, TAN Y C, et al. Modelling energy transfer to copper wire for bonding in an inert environment ［C］. Proceedings of the 7th Electronic Packaging Technology Conference, Singapore, December 2005: 292-297.

［31］ ELLIS T W, LEVINE L, WICEN R. Copper: emerging material for wire bond assembly ［J］. Solid state Technology, 2000, 43 （4）: 71-77.

［32］ RICCI E, NOVAKOVIC R. Wetting and surface tension measurements on gold alloys ［J］. Gold Bulletin. 2001, 34 （2）: 41-49.

［33］ LIU P, TONG L, WANG J, et al. Challenges and developments of copper wire bonding technology ［J］. Microelectronics Reliability, 2012, 52 （6）: 1092-1098.

［34］ A. Pequegnat, H. J. Kim, M. Mayer, Y. Zhou, J. Persic, J. T. Moon. Effect of gas type and flow rate on Cu free air ball formation in thermosonic wire bonding ［J］. Microelectronics Reliability, 2011, 51 : 43-52.

［35］ HANG C, WANG C, SHI M, et al. Study of copper free air ball in thermosonic copper ball bonding ［C］. Proceedings of IEEE 6th international conference on electronics packaging technology, 2005: 414-418.

［36］ RAMMINGER S, TURKES P, WACHUTKA G. Crack mechanism in wire bonding joints ［J］.

Microelectronics Reliability, 1998, 38: 1301-1305.

[37] HARMAN G G, CANNON C A. The microelectronic wire bond pull test-how to use it, how to a-buse it [J]. IEEE Transactions on Components Hybrids and Manufacturing Technology, 1978, CHMT-1 (3): 203-210.

[38] LIANG Z N, KUPER F G, CHEN M S. A concept to relate wire bonding parameters to bond-ability and ball bond reliability [J]. Microelectronics Reliability, 1998, 38: 1287-1291.

[39] LUM I, HUANG H, CHANG B H, et al. Effects of superimposed ultrasound on deformation of gold [J]. J. Appl. Phys, 2009, 105: 1.

[40] TOMLINSON W J, WINKLE R V, BLACKMORE L A. Effect of heat treatment on the shear strength and fracture modes of copper wire thermosonic ball bonds to Al-1%Si device Metalliza-tion [J]. IEEE Transactions on Components, Hybrids, and Manufacturing Technology, 1990, 13 (3): 587-591.

[41] XU H, et al. Intermetallic phase transformations in Au-Al wire bonds [J]. Intermetallics, 2011: 1808-1816.

[42] TAN C W, DAUD A R, YARMO M A. Corrosion study at Cu-Al interface in microelectronics packaging [J]. Appl Surf Sci 2002, 1, 91-97.

[43] SRIKANTH N, MURAL S, WONG Y M, et al. Critical study of thermosonic copper ball bond-ing [J]. Thin Solid Films, 2004, 463: 339-345.

[44] TAN C W, DAUD A R. Bond pad cratering study by reliability Tests [J]. Journal of Materials Science: Materials in Electronics, 2002, 13: 309-314.

[45] RASKIN C, Proceedings of the WAI international technical conference [C], Italy, 1997.

[46] HANG C J, Wang C Q, TIAN Y H. Effect of ultrasonic power and bonding force on the bonding strength of copper ball bonds. China Welding, 2007, 16 (3): 46-50.

[47] PETERSON M B, WINER W O. Wear control handbook [M]. New York, ASME, 1980.

[48] XU H, et al. Effect of bonding duration and substrate temperature in copper ball bonding on alu-minium pads: A TEM study of interfacial evolution [J]. Microelectronics Reliability, 2011, 51 (1): 113-118.

[49] HENTZELLl H T G, THOMPSON R D, TU K N. Interdiffusion in copper-aluminum thin film bilayers. I. Structure and kinetics of sequential compound formation [J]. J. Appl. Phys, 1983, 54 (12): 6923-6928.

[50] HAMM R A, VANDENBERG J M. A study of the initial growth kinetics of the copper aluminum thin-film interface reaction by in-situ X-ray diffraction and Rutherford backscattering analysis [J]. J. Appl. Phys, 1984, 56 (2): 293-299.

[51] Pretorius R, Theron C C, Vantomme A C, et al. Compound phase formation in thin film struc-tures. Crit. Rev. Solid. State Mater Sci, 1999, 24: 1-62.

[52] ZHOU W, LIU L, LI B, et al. Structural, elastic and electronic properties of Al-Cu intermetal-lics from first-principles calculations [J]. J. Elect. Mater, 2009, 38 (2): 356-364.

[53] CHEN J, et al. Investigation of growth behavior of Al-Cu intermetallic compounds in Cuwire bonding [J]. Microelectronics Reliability, 2011, 51: 125-129.

［54］ PERDEW J P, BURKE K, ERNZERHOF M. Generalized gradient approximation made simple ［J］. Phys. Rev. Lett. , 1996, 77（18）: 3865-3868.

［55］ KRESSE G, JOUBERT J. From ultrasoft pseudopotentials to the projector augmented-wave method ［J］. Phys. Rev. B, 1999, 59（3）: 1758-1775.

［56］ KRESSE G, HAFNER J. A binitio molecular dynamics for liquid metals ［J］. Phys. Rev. B., 1993, 47（1）: 558-561.

［57］ KIM H J, LEE J Y, PAIK K W, et al. Effects of Cu/Al intermetallic compound on copper wire and aluminum pad bondability ［J］. IEEE Transactions on components and packaging technology, 2003, 26（2）: 367-371.

［58］ HUANG C J, TIAN Y H, et al. High temperature storage reliability of Cu bonds by ultrasonic bonding with fine copper wire ［J］. Transactions of the china welding institution, 2013, 34（2）: 13-16.

［59］ 范俊玲, 姚亚昔, 曹军. 烧球参数对 Ag-4Pd 键合合金线无空气焊球性能影响的研究［J］. 热加工工艺, 2019（17）: 26-29.
FAN J L, YAO Y X, CAO J. Effects of electronic flame off parameters on free air ball properties of Ag-4Pd bonding alloy wire ［J］. Hot Working Technology, 2019（17）: 26-29.

［60］ 范俊玲, 朱丽霞, 曹军, 等. 键合参数对 AgAuPdRu 键合线键合性能影响研究 ［J］. 贵金属, 2019（2）: 59-63.
FAN J L, ZHU L X, CAO J, et al. Effects of bonding parameters on bonded properties for AgAuPdRu alloy bonding wire ［J］. Precious Metals, 2019（2）: 59-63.

［61］ 范俊玲, 朱利霞, 曹军, 等. Au 含量对 Ag 基键合合金线键合强度及可靠性影响研究 ［J］. 功能材料, 2019, 50（10）: 10145-10148, 10155.
FAN J L, ZHU L X, CAO J, et al. Effects of Au component in Ag alloy bonding wire on bonded strength and bonded reliability ［J］. Functional Materials, 2019, 50（10）: 10145-10148, 10155.

［62］ TSENG Y W, HUNG F Y, LUI T S, et al. Effect of annealing on the microstructure and bonding interface properties of Ag-2Pd alloy wire ［J］. Microelectronics Reliability, 2015, 55（8）: 1256-1261.

［63］ TSENG Y W, HUNG F Y, LUI T S. Microstructure, tensile and electrical properties of gold-coated silver bonding wire ［J］. Microelectronics Reliability, 2015, 55（3）: 608-612.

［64］ TANNA S, PISIGAN J L, SONG W H, et al. Low cost Pd coated Ag bonding wire for high quality FAB in air ［C］. IEEE Electronic Components & Technology Conference, 2012: 1103-1109.

［65］ LI J H, HAN L, ZHONG J. Observations on HRTEM features of thermosonic flip chip bonding interface ［J］. Materials Chemistry and Physics, 2007, 106（2-3）: 457-460.

［66］ CHEN J L, LIN Y C. A New approach in Free Air ball formation process parameters analysis ［J］. IEEE Transom Electpackaging Manufacturing, 2000, 23（2）: 116 -122.

［67］ TAN J, TOH B H, HO H M. Modeling of free air ball for copper wire bonding ［C］. Proceedings of 6th Electronics Packaging Technology Conference, 2004: 711-717.

[68] XU H, LIU C, SILBERSCHMIDT V V, et al. New mechanisms of void growth in Au-Al wire bonds: Volumetric shrinkage and intermetallic oxidation [J]. Scripta Materialia, 2011, 65 (1): 642-645.

[69] CHUANG T H, WANG H C, TSAI C H, et al. Thermal stability of grain structure and material properties in an annealing-twinned Ag-8Au-3Pd alloy wire [J]. Scripta Materialia, 2012, 67 (6): 605-608.